教科書沒有告訴你的奇趣冷知識

世界篇

明報出版社編輯部 編著

目錄

意想不到的世界趣聞

微觀環球之最

世上獨一無二的特殊職業

偉大發明的關鍵一刻

不為人知的名人趣怪事

16:00
THURSDAY

意想不到的世界趣聞

為何護照
只得四種顏色？

去旅行時除了用身分證過 e 道出境外，還必須帶同護照才可以進入其他國家。我們的特區護照是藍色的，那你又知不知道其他地方的護照是什麼顏色的呢？

國際民用航空組織（ICAO）曾頒布有關護照外觀的規定，當中包括護照尺寸和格式，各國政府可以自行選擇護照的封面顏色及設計。然而，現時總計世界各國護照封面的顏色只有紅、藍、綠、黑四種顏色，其中就以紅色和藍色最為常見，各國選擇護照封面顏色時會受到地理、政治、宗教等不同因素影響。

除了克羅地亞使用類近黑色的護照封面外，歐盟成員國如法國、德國、西班牙等都使用酒紅色護照的封面，而有興趣加入歐盟的國家例如土耳其，亦會選擇用紅色封面。除此之外，前歐洲國家的殖民地例如新加坡、馬來西亞等都使用紅色護照封面。香港在英屬時期的英國國民（海外）護照，簡稱 BN（O），也是紅色封面的呢！

為了與國旗顏色一致，美國在 1976 年將護照改成藍色。藍色也是「新大陸」國家常使用的護照封面顏色。「新大陸」是指歐洲人在 15 世紀末發現的美洲大陸和鄰近群島地區，即現在的加拿大、墨西哥、南美洲地區。

至於使用綠色護照封面的多數是伊斯蘭國家，例如巴基斯坦、摩洛哥、沙特阿拉伯等。因為綠色在伊斯蘭教傳說中是先知喜愛的顏色，也是伊斯蘭的代表色。另外主權分裂或模糊的國家都會選用綠色護照，例如南韓、越南等，不過南韓已在 2020 年改用藍色護照。

最為罕有的護照封面顏色就是黑色，現時除了安哥拉、贊比亞等部分非洲國家外，就只有紐西蘭以黑色為國家代表色、使用黑色封面護照。

下次到外地旅行時，也可以看看旁邊的遊客是用什麼顏色的護照，猜猜他們來自哪裏呢！

挪威國旗內
隱藏了 6 國國旗？

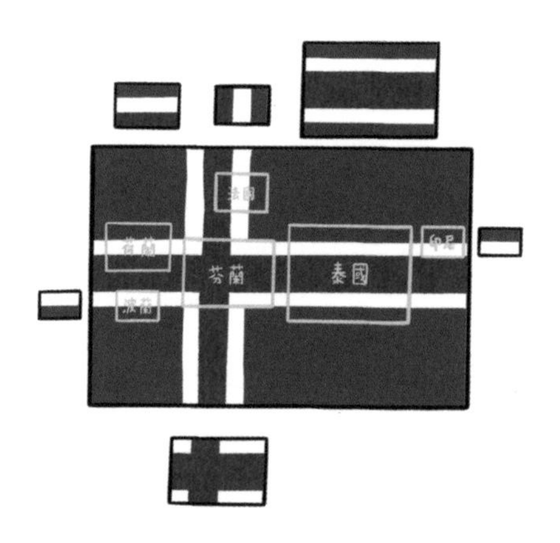

世界上有一個國家的國旗裏面竟然隱藏了 6 個其他國家的國旗，那就是——挪威。挪威國旗以紅色為底色，靠左的地方有一個圍了白邊的靛藍色十字架，藍白紅代表自由、平等、博愛。

在挪威國旗裏，分別可以找到印尼、波蘭、芬蘭、法國、荷蘭和泰國的國旗。這是因為許多國家的國旗都以紅、白、藍三色為主，而挪威國旗正好集合了這三種顏色。

假如只看挪威國旗中紅色在上，白色在下的部分，可以看出印尼國旗。當中的紅色象徵勇氣，而白色代表純潔和正義。反過來只看白上紅下的部分，就可以找到波蘭國旗。在波蘭，紅色象徵獨立戰爭時所流的血，白色則代表喜悅。

當我們只注視於挪威國旗紅白藍色交界的部分時，垂直可以看出法國國旗，而水平位置就可以找到荷蘭國旗。法國國旗的配色源自紅和藍色的國徽，加上代表法國王室的白色，寓意人民與王室攜手合作，建立一個自由平等的新國家。而在荷蘭國旗中，紅色代表勇氣，白色代表祝福和庇佑，藍色就代表對祖國的忠誠。

在另一個部分，當我們由上而下仔細看挪威國旗紅、白、藍、白、紅五色橫條的部分，可以組成泰國國旗。泰國國旗中的紅色代表當地的國土與民族，白色是宗教，而藍色是指王室和國王。

最後，挪威國旗藍白十字的部分與芬蘭國旗相同。在歷史上，芬蘭曾長期由瑞典統治，後來屬於俄國沙王。在現時的國旗中，與瑞典相同的斯堪地那維亞十字反映了兩國的關係密切，而藍色和白色的顏色本是俄國沙王的顏色，現在成為了芬蘭的傳統顏色，藍色代表湖與天，白色代表雪。

下次看見挪威國旗時，你們也可以嘗試找找上面提及過的 6 面國旗呢！

世上唯一的三角形國旗？

世界上大多數國家的國旗設計都以簡單為主，除了顏色配搭簡單外，間條和十字花紋也是國旗中常見的設計。不過，原來有些國家的國旗、省旗或區旗都不只是簡約的拼色或圖案，看上去更是非常獨特，就讓我們一起來認識這些與別不同的旗幟吧！

尼泊爾是全球唯一一個不使用四邊形國旗的國家，她的國旗由 2 個直角三角形上下拼在一起組成，這面國旗也是目前世界上唯一長度大過闊度的國旗。尼泊爾國旗的緋紅色象徵勇敢，這個顏色同時是尼泊爾國花杜鵑花的顏色，而藍色部分則象徵和平。旗中的圖形分別代表新月及太陽，因為月亮和太陽是尼泊爾國教印度教的象徵，此外，這 2 個圖形同時代表希望國家能像日月一樣長久。

位於東非的莫桑比克是全球唯一一個在國旗上使用突擊步槍圖案的國家。她的國旗左上角有四種圖案，分別是象徵防衛的黃色星星和代表警惕的 AK-47 步槍、代表農業的鋤頭和代表教育的白色書本。國旗的顏色也帶有不同的意思：紅色代表數百年來對殖民主義的抵抗、武裝民族解放鬥爭和對主權的捍衛；綠色代表大地的豐盛；黑色代表非洲大陸；黃色代表國家的礦藏；白色代表莫桑比克人民鬥爭的正義性質與和平。

不丹國旗由黃色及橙色兩種鮮明的顏色作背景，並以右到左的斜線分開兩種顏色，黃色代表民族傳統，橙色代表佛教唯心主義。斜線上面是不丹民族的象徵：雷龍。龍象徵了王室的權威，而龍身上的白色就有「忠誠和純潔的禮讚」的意思。4 隻龍爪分別拿着一顆叫 Norbu 的寶石，代表了威力和聖潔。

看過以上幾面特色的國旗後，你知道香港特區區旗背後代表了些什麼嗎？不如找找資料，深入認識一下吧！

面積愈來愈小的城市？

你知道什麼是溫室效應嗎？溫室效應是指大氣中的廢氣被困在大氣層內，令地球的溫度上升，冰川漸漸融化，海平面因而上升。因此，不少近海的地方在不久的將來就會面對沉進海裏的命運。英國基督教援助協會（Christian Aid）在 2018 年 10 月發表報告，警告不少沿海城市都有陸沉的危機，當中包括美國侯斯頓、英國倫敦、中國上海，還有接下來要介紹的印尼雅加達。

雅加達是印尼的首都，約有 1000 萬人口，這片沼澤地上一共有 13 條河流。在過去 10 年，雅加達北部下沉了約 2.5 米，有些地方更以每年 25 厘米的速度下沉，總體而言，整個城市每年都會下沉 1 至 15 厘米不等。有專家按照過去 20 年來雅加達的沉降情況，推測當地的北部將於 2050 年前接近完全被海水淹沒。

不過，雅加達的陸沉情況不單是因為氣候變化，印尼政府落後的水務工程也是其中一大原因。原來印尼的食水系統落後，並不是每個居民都能夠飲用乾淨的食水，無法負擔昂貴食水費用的人只能抽取地下水飲用。加上當地政府沒有嚴格監管人民抽取地下水的用量，導致挖掘地下水的情況愈來愈頻繁，在地下水不足的情況下，地面也愈來愈下陷。

幸好，印尼政府已着手採取不同的措施以解決雅加達的陸沉問題，包括必須持有由政府發出的許可證才可以抽取地下水；在雅加達灣興建長達 32 公里的海堤 The Great Garuda 和 17 個人工島；設計一個人工泄洪湖以降低水位；以及將首都遷往婆羅洲的東加里曼丹省等。但是，以上的方法都面臨着不同的挑戰，而實際上亦只能為雅加達爭取多 20 至 30 年的時間應對陸沉結局。

身在香港的你，又想不想到有什麼方法可以幫助雅加達，令這個美麗的城市不會下沉到深海之中呢？

你分得清
摩納哥與摩洛哥嗎？

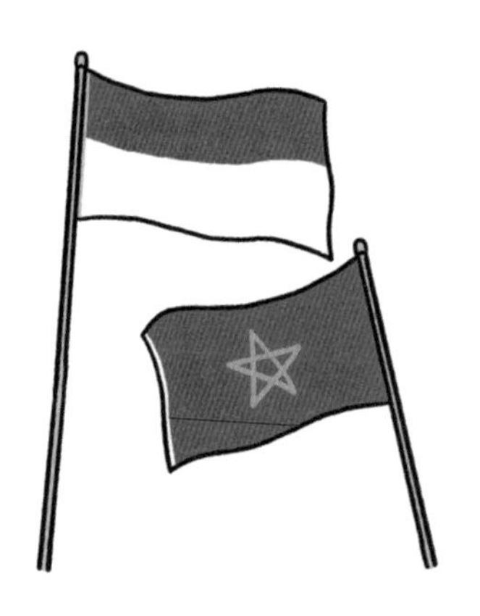

摩納哥和摩洛哥只有一字之差，不難會令人以為它們是同一個地方，只是譯音不同吧？其實這兩個國家一個在歐洲，一個在非洲；一個臨近大海，一個接近沙漠，兩者可以說是「差之毫釐，謬之千里」。

摩納哥（Monaco）位於歐洲大陸，國土在法國南邊。根據當地的方言，摩納哥的意思是「岩石之國」，指當地是在地中海邊緣的峭壁上所建立的國家。摩納哥的國土面積在全球眾多國家中排行第二小，那裏沒有機場，如果想到摩納哥一看究竟，只能從法國乘火車或駕車入境。

雖然國土面積小，但摩納哥非常富裕，這全賴當地的蒙地卡羅大賭場。由於歐洲很多國家都禁止「轉盤賭博」，因此這個可以進行「轉盤賭博」的蒙地卡羅大賭場吸引了來自意大利、法國等歐洲國家的富豪前來，享受博彩的樂趣。而摩納哥王室作為賭場的最大股東，每年單靠賭場的收入，即使不需要納稅人的稅金亦能成為全世界最富有的王室之一。

至於摩洛哥（Moroco）位於非洲西北部，是一個阿拉伯國家，擁有世界上最大的沙漠——撒哈拉沙漠。由於摩洛哥這國家給予人神秘的幻想，所以吸引了不少電視劇、電影前往當地取景，就連著名電影《007》系列也曾在摩洛哥拍攝呢！

此外，美麗的藍色也是人們對摩洛哥的印象之一。當地無論是民宅的門口、牆壁還是階梯都被塗繪成天空藍色，遠遠看去就像是沙漠中的一片水泉，讓旅客一見難忘，猶如置身在夢中。

假如有機會到摩納哥或是摩洛哥旅行，在安排行程之前，記得要先仔細確認地名啊！

為了鼓勵閱讀，冰島人逢星期四不能看電視？

你喜歡看書嗎？在遙遠的北歐，有一個國家的人民非常愛書，那就是——冰島。雖然冰島只有 30 多萬人口，但每年都會出版約 800 本書籍，當地的作家數量、書籍出版量和國民平均閱讀量都幾乎是世界第一。有調查顯示，在冰島，平均每 10 人當中就有 1 位曾經出過書或即將出書，冰島女性平均每個月會閱讀 3 本書，而男性則閱讀 2 本書。到底冰島人為什麼這麼熱愛閱讀呢？

原來這跟冰島的電視節目有關。冰島的氣候寒冷，人民常常待在家中，在 1966 年時，當地只有一條國營電視頻道，冰島政府為了鼓勵市民多出門社交，所以逢星期四電視台都不會播送任何節目。沒有電視節目可看的冰島人只好看書解悶，並用書本內容作為社交話題，而這種習慣一直傳承到現代社會。

冰島人常常稱自己為 bókaþjó，意思是「一個為書癡狂的民族」。他們對冰島豐富的文學作品深感自豪，更常常說：「每個人的肚子裏，都裝着一本書。」（Að ganga með bók í maganum.），光憑這句話就可看出冰島人對書的熱愛。

在聖誕節時，別的民族會互相贈送禮物，但對冰島人而言，聖誕節就是送書的日子。聖誕節期間是冰島的出版旺季，這個現象被稱為「聖誕書潮」（Jólabókaflóðið）。每年十一月中，冰島出版協會（Iceland Publishers Association）會特別印製新書出版目錄，免費寄送到每家每戶。這份目錄包含了過去一年出版過的所有書籍，以及即將在聖誕節前出版的作品，各式各樣的讀書活動都會在這期間舉行。據調查報告指出，60% 的冰島人會在聖誕節的時候收到一本書；70% 的冰島人選擇送書作為禮物。

想好了今年的聖誕節禮物嗎？或者你也可以像冰島人一樣送書給你的好朋友呢！

興建了足足 120 年的教堂？

世界上有一座教堂光是興建就花了超過 120 年，而且在它還未完工前就已經名列世界遺產了，那就是西班牙聖家堂！

1882 年，聖約瑟虔誠信徒宗教組織計劃興建一座專門供奉聖約瑟、聖母瑪利亞和耶穌基督這個「神聖家族」的教堂。他們由 1876 年開始籌款，並在 1888 年聖約瑟日當天動土，正式開始建造聖家堂。

然而，本來的建築師在開始興建教堂後不到一年，就因為與其他工人意見不合等原因而辭職。後來，當時還是建築師助手的安東尼・高第（Antoni Gaudí i Cornet）只好接手建造聖家堂的工作。他放棄教堂先前的設計，將聖家堂重新設計成現代主義風格。

不過，由於聖家堂十分宏偉，需要很長的建築時間才能完成。高第從 31 歲開始接手工程，一直到 43 歲去世前，都未能建成聖家堂。他在晚年時留下了許多資料，希望工人能按照資料，繼續修建教堂。可惜，在高第去世後，西班牙內戰爆發，聖家堂工程因此由 1936 年中斷至 1954 年。其間，高第的工作室被燒毀，許多資料從此化成灰燼。幸好在內戰結束後，巴塞隆拿大學建築系的學生與高第的助手合作，一起推測出聖家堂的設計，建築工程才能重新開始。

雖然聖家堂一直未完成興建，但教堂複雜華麗的內部建構深受建築師和遊客的欣賞。在 1984 年，聯合國便將聖家堂列為聯合國世界遺產。

直至 2015 年，建築師宣布聖家堂工程已完成了 70%，正進入最後的修建階段。西班牙政府預計聖家堂將於 2026 年正式完工，到時候，長達 138 年的建築工程終於能正式劃上句號。

世界上曾經出現過兩個「日不落帝國」？

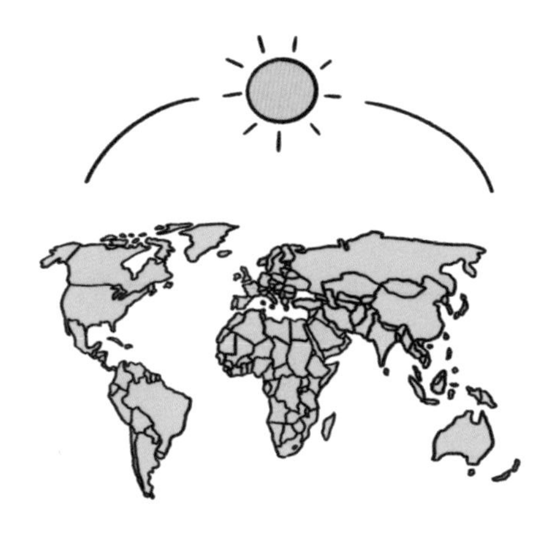

你知道什麼是「日不落帝國」嗎？這是指一個帝國的領土遍佈世界各地，因此無論何時，國家都會有領土處於白晝中，太陽永不落下，這特指在世界上擁有很多殖民地的國家。很多人以為「日不落帝國」是指歷史上全盛時期的英國，但其實在英國之前，西班牙亦曾經是「日不落帝國」。

在 15 世紀，西班牙國土統一後，便開始向外拓展。當時的西班牙國力強盛，不但推翻了阿茲特克、印加和瑪雅文明，控制了南北美洲的大片領土；同時在西歐和南歐建立霸權，吞併了葡萄牙帝國和她的殖民地，包括半個荷蘭、半個意大利、菲律賓群島、台灣等，都成了西班牙的領土。西班牙帝國統治殖民地長達 400 年，成為世上最大的「日不落帝國」。

16 世紀，西班牙國王卡洛斯一世曾說過：「在我的領土上，太陽永不落下。」可想而知西班牙帝國當時的領土範圍有多廣。不過，後來西班牙陷入王位繼承戰爭、半島戰爭等，加上美洲殖民地出現獨立問題，這個帝國於是慢慢衰落。

到了 16 世紀末，英國國力上升，在戰爭中不斷奪取法國、荷蘭兩國的大片殖民地，後來在 1763 年自稱「日不落帝國」。全盛時期的英國領土佔世界陸地總面積超過 20%，當中包括香港、加拿大、澳洲等地，地球 24 個時區中都有大英帝國的領土，是名符其實的「日不落帝國」。

雖然大英帝國曾經在美國獨立戰爭中短暫失利，但工業革命的成功令英國經濟快速增長，加上在 1815 年勝出了拿破崙戰爭，令英國「日不落帝國」國勢如虹。

不過，經歷兩次世界大戰、美國崛起以及大量殖民地獨立後，英國便從此失去了「日不落帝國」的光環。

有土耳其先，
還是有火雞先？

到底是有土耳其（Turkey）先，還是有火雞（Turkey）先呢？為什麼一個國家會和一種動物「撞名」？原來這一切本來是一場誤會。

火雞是美洲大陸的原生禽類，在火雞正式引進歐洲前，便已經有人把非洲出產的「珍珠雞」（Guinea fowl）經奧斯曼帝國引入歐洲。由於當時「珍珠雞」的主要供應商馬穆魯克王朝在種族上算是土耳其人，所以歐洲人又稱「珍珠雞」為「土耳其雞」（Turkish chickens/ Galinias turcicas）。

不過，古時歐洲的地理概念並不清晰，對於貨物的來源地更沒有準確的了解。歐洲人誤以為「珍珠雞」的原產地是印度，所以又有人把「珍珠雞」稱為「印度雞」。在這之後，歐洲人發現美洲大陸，繼而發現了美洲火雞。單純的歐洲人便以為美洲火雞跟非洲生產的「珍珠雞」是同一個物種，叫着叫着，就把「土耳其雞」中的「雞」字省略，直接把美洲火雞叫成了「Turkey」。

事到如今，國名無緣無故變成動物名，固然令土耳其人感到不快，加上「Turkey」一詞在英文中還有失敗、愚蠢、無能等貶義，所以土耳其人一直在推動國家正名，希望大家以土耳其文的國名 Türkiye 來稱呼他們的國家。2022 年，聯合國正式將土耳其的英文國名更改為「Türkiye」。

說到這裏，你可能會想到一個疑問：那麼土耳其人又是怎樣稱呼火雞的呢？原來土耳其人也誤以為火雞源自印度，所以就按土耳其文中的印度（Hindistan）一詞，稱火雞為「hindi」。

沒想到世界各地的人都因為對物種的誤解而產生出許多命名笑話，真是令人哭笑不得呢！

去基里巴斯可以左腳踏着昨天，右腳踩着今天？

你知道地球上有很多無形的線嗎？人們為了方便量度和標記位置，所以在地球上設置了不同的輔助線，分別有經線、緯線、赤道等等。

經線是連接地球南、北極點的連線，呈南北向。緯線則是與赤道平行的線，呈東西向。位於不同經度的地方，因為被太陽照射的時間不同，形成了不同時區。而橫跨太平洋的「國際換日線」，是地球上「今天」和「昨天」的分界線。

至於緯度 0 度是地球南北半球的分界線，被稱為「赤道」。愈接近赤道的地方天氣愈熱，相反，與赤道距離愈遠則愈冷。

世界上只有基里巴斯這個國家，同時跨越南北經線和東西緯線，以及橫跨赤道和橫越國際換日線。

基里巴斯全稱基里巴斯共和國，是位於太平洋上的島嶼國家，國家可分成吉爾伯特群島、鳳凰群島和萊恩群島三大群島，共有 32 個環礁和 1 個珊瑚島。基里巴斯所屬的島嶼東西方跨越數千公里，散佈在赤道上 3,800 平方公里的海域，因此基里巴斯擁有世界最大的海洋保護區。

在基里巴斯境內的島嶼之中，吉爾伯特群島位於 180 度經線以西，屬於東半球；菲尼克斯群島和萊恩群島位於 180 度經線以東，屬於西半球。基里巴斯的島嶼又散佈在赤道北面和南面，因此這個國家又橫跨南北半球。正因為基里巴斯的土地廣闊，才令這裏成為了世界上唯一一個橫跨東西、南北半球的國家。

不過，由於地域廣泛，基里巴斯境內的不同島嶼被分為不同時區。當中萊恩群島是全球第一個使用 UTC+14 時區的地方，使基里巴斯成為全球最早開始新一天的國家。假如你在新年時來到這裏，便能成為世界上最早過新年的人呢！

日本的排水渠清澈得可以養錦鯉？

說到排水渠，應該會立即聯想到「污濁」、「骯髒」等形容詞吧？但你知道世界上有一個國家的排水渠非常乾淨，甚至能在裏面養魚嗎？

那個國家就是日本了。在日本九洲的長崎縣島原市，有一條「鯉の泳ぐまち」，意思是「錦鯉游泳的街道」，這街道顧名思義，排水渠中不但水質清澈見底，甚至有無數條錦鯉在內暢游，顛覆了人們對於排水渠又髒又臭、滿佈蚊子的認知。

日本人一向重視人與自然的和諧，這啟發了島原市在水渠中飼養錦鯉的想法。「錦鯉游泳的街道」沿着人行道和街道延伸出去，在城市中創造出游魚與遊人一同生活的美麗風景。這條水渠的照片在網絡上出現後，馬上引起網民的熱烈討論，甚至使當地變成了旅遊熱點！

說到這裏，你可能會有點困惑，為什麼日本的水渠乾淨得可以養魚呢？這是因為日本的排水渠，主要作用是收集雨水或是引導泉水，並不是用來排污的。而由於雨水和泉水的水質都非常清澈，流動的速度也很快，因此水流一直在流淌，自然不會被污染。

而且錦鯉對生活環境的要求並不嚴格，排水渠裏面有足夠的空間供錦鯉活動，還有不同的藻類植物或蚯蚓可以作為牠們的食物，所以對牠們來說是非常舒適的生活環境。另一方面，日本人的環保意識很強，人們非常注重與大自然和平相處，尤其是在對待小動物的時候，態度更是十分包容。當地人除了不會主動傷害動物外，還會為牠們提供良好的生活環境。所以在水渠中飼養錦鯉後，市民都能與魚兒和平共處。

正正因為這樣，「錦鯉游泳的街道」才能完美地建構出一個人類與魚類一同生活的夢幻環境。

玻利維亞有斑馬人指揮交通？

如果你到玻利維亞旅行，在乘坐公共交通工具時，突然見到一群穿着斑馬服的人在指揮交通，不用驚訝，他們都是政府正式聘用的交通指揮員。

出現斑馬人的地方是玻利維亞的拉巴斯城，這裏住有 230 萬居民，他們外出時不是走路，就是乘搭沒有牌照的小巴，在城市內狹窄的街道中穿梭往來。也正因如此，當地經常發生交通意外。在 2000 年前後，為了改善交通問題，他們請教了哥倫比亞首都波哥大的市長馬可斯（Antanas Mockus）。90 年代，波哥大也是個交通意外頻生的地方，馬可斯認為要解決交通問題，羞辱比罰款更為有效，於是用了一個奇特的方法——派人在街上用默劇的方式羞辱不守規則的路人。而的確，使用默劇奇招之後，那裏的交通致死率下降了 50%。

拉巴斯城的官員雖然不同意馬可斯的見解，但此行的確激起了這些官員的靈感。他們想到讓人穿上斑馬裝，為路面帶來歡樂，用正面的方式鼓勵市民遵守交通規則。

這計劃名為「斑馬人計劃」，在 2001 年起開始實施，當局請義工幫忙在街頭扮演斑馬，除了一般的指揮交通外，他們還會跳有趣的舞步，做一些有趣的動作，令途人即使在過馬路時，都過得開心歡暢。

「斑馬人計劃」最初只有 24 個人參與，發展至今已經有接近 300 個「斑馬人」，參與者需要經過約 8 星期的訓練，學習擺出指揮交通的手勢和姿勢，有需要的情況下也要懂得對不守規則的行人亮出警告動作。完成訓練，正式成為「斑馬人」之後，他們一大清早就要開始工作，完成了一整天的指揮才能下班。

當局會優先讓弱勢社群中的青少年申請「斑馬人」工作，也會為他們提供薪金。如果普通市民或遊客想體驗「斑馬人」工作的話，也可以參加「一日斑馬人活動」，所以，只要你有機會到拉巴斯城，也可以擔任「斑馬人」一天。

「斑馬人計劃」已實施了超過 20 年，交通意外率明顯減少。而「斑馬人」除了指揮交通外，還會訪問學校、醫院，推廣各式各樣的議題，看來斑馬人已經成為了拉巴斯城的明星。

9724
McDodo

微觀環球之最

哪個國家最大，哪個國家最小？

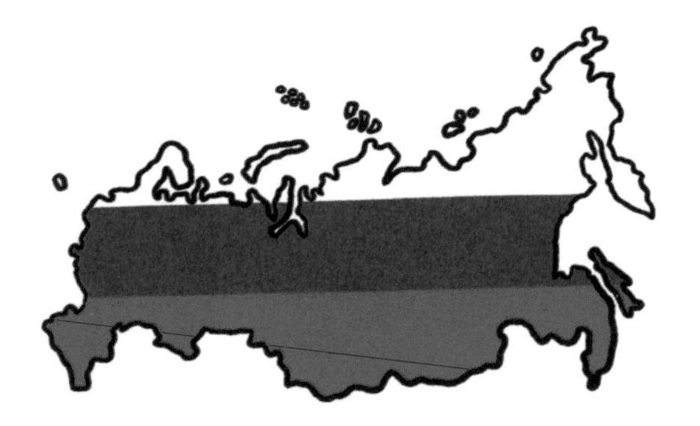

你知道世界上面積最大和最小的國家分別是哪個嗎？世界上面積最大的國家是與我們鄰近的俄羅斯。她位於歐亞大陸北部，國土橫跨歐亞兩大洲，擁有 1707 萬平方公里的面積，佔地球陸地面積約 12.5%，是全世界領土面積最大的國家。雖然當地國土遼闊，但人口只有 1.44 億，這使俄羅斯的人口密度平均每平方公里只有 9 人，是世界上人口最稀疏的國家之一。

廣闊的土地令俄羅斯境內橫跨 11 個時區，國內的生態環境和地質豐富多樣。俄羅斯同時擁有世界上最大儲量的礦產和能源資源，是全球最大的石油和天然氣輸出國。

這些天然資源為俄羅斯帶來大量的資金，使其位列世界第十一大經濟體。

與地大物博的俄羅斯相反，世界上最小的國家是位於意大利首都羅馬西北角高地的梵蒂岡。由於梵蒂岡以四周的城牆作為與意大利的分界，所以又被稱為「國中國」。這裏由天主教會最高權力機構聖座直接統治，整個領土面積大約只有 0.44 平方公里，比香港國際機場的面積還要小。

儘管梵蒂岡的國土面積很小，不過這裏卻蘊藏很大的政治影響力。由於梵蒂岡是天主教信徒的精神家園，亦是全球 13 億天主教信徒的信仰總部，全世界的天主教國家在宗教方面也受到梵蒂岡的指導，因此，雖然梵蒂岡的居住人口不足 1,000 人，卻擁有獨樹一格的文化影響力。

另一方面，梵蒂岡亦是世界著名的歷史文化名城，當中有舉世無雙的藝術珍品和建築傑作，城中心的聖彼得大教堂是全世界最大的教堂，亦是旅客前來的必到之地。

可見無論國家是大是小，都一定有值得我們深入了解的特別之處。

世上最小的城市有多少人居住？

在克羅地亞旅遊勝地——伊斯特拉半島中部的山丘上，有一座長達 1,400 年歷史的古城「胡姆」。它是《健力士世界紀錄大全》中「世界最小城市」。多年來，這座小城的人口一直保持在 20 人左右。不過，就在 2014 年時，胡姆城迎來了「嬰兒潮」，有 4 位孕婦分別誕下了 2 個女孩和 2 個男孩，讓人口一下子從之前的 25 人猛增到 29 人。

「胡姆」在克羅地亞語中是「小丘」的意思，它與許多歐洲古城一樣也有城牆，但它的城門不像一般城門那樣高大，而是規劃在一幅城牆的邊角上，高不過 3 米、寬 2

它的外型好像一艘即將發射的火箭，由著名的芝加哥 SOM 建築設計事務所設計。哈里發是阿拉伯帝國統治者和宗教領袖的尊稱，在伊斯蘭世界有特別的含意。世界最高的建築物以這樣尊貴的名稱命名，實在氣勢不凡！

至於世界上最長的橋是中國的丹崑特大橋。這座橋橫跨江蘇、無錫、常州和鎮江，全長 164.851 萬公里，是連接京滬高速鐵路中南京南站至上海虹橋站之間的大橋。這條橋在 2008 年開始興建，只用了短短 4 年時間便建成，至今仍是《健力士世界紀錄大全》中「最長橋樑」的紀錄持有者。丹崑特大橋是一座高架橋，因為它的所在地遍佈軟土、運河和湖泊，而且土地資源短缺，所以用高架橋的形式建造的話就能避免與鐵路交錯，還可節省土地呢！

目前，中國正計劃擴充京滬高鐵和滬渝蓉高速鐵路，興建橫跨江蘇與揚州的「高郵－通州特大橋」和「通泰揚特大橋」。這兩座橋樑都長達 180 公里以上，並預計在 2026 年落成。到時候，全球最長的三大橋樑就會全數坐落在中國內地，真是一項了不起的成就！

哪裏最多便利設施？

油站、便利店、快餐店這些現代人不可或缺的便利設施，相信你都一定會去過。可是你知道哪些國家分別擁有最多的油站、便利店和快餐店嗎？

交通工具是現代社會中的必需品，尤其是汽車。除了日漸普及的電動車外，石油汽車仍然是主流的交通工具，但任誰也不想在駕駛汽車到半路中途就因為汽車沒有油而被迫停下來吧？所以油站的數量十分重要！截止 2020 年，中國境內的油站總量高達 11.9 萬。其中兩大主要供應商是中石油和中石化，這兩間公司分別擁有超過 2 萬個和超過 3 萬個油站。油站大多分佈在省道、國道、縣鄉道和城區等地方，方便駕駛者使用。

便利店也是現代生活中的重要設施，人們除了可以在這裏填飽肚子外，還可以繳費、購買日用品等等。南韓是目前世界上擁有最多便利店的國家。由於南韓經營便利商店的門檻相對較低，所以他們平均每 1,452 人就有一間便利店，其中 CU 和 GS25 被稱為南韓便利商店的兩大龍頭。

另一方面，現代人生活繁忙，能快速填飽肚子的快餐店是不少人在趕時間下的補給點。作為快餐店文化的創始國美國，當然是世界上擁有最多快餐店的國家。美國生活節奏急促，人們煮飯的時間較緊張，所以他們多數到餐廳用膳或到超級市場購買即食食品。漢堡包是美國人的最愛，因此漢堡包類的食品佔快餐店食品中超過一半的比重，而麥當勞和漢堡王（Burger King）更是美國最受歡迎的快餐店。

以上的設施都為我們的生活帶來便利，但在飲食上過分依賴便利店或快餐店，可能會對我們的身體有不良影響，因此在追求便利之時亦不忘要平衡健康呢。

哪個國家的法定假期最多？

大概誰都喜歡放假吧？香港是中西文化匯聚的地方，既慶祝中國節日，又慶祝西方節日，因此每年的法定假期一共有 17 日，比鄰近的地區（如日本）還要多。但是，原來世界上還有不少地方的法定假期日數比香港還要多呢！

在 2020 年以前，柬埔寨的法定假期高達 28 天，是全球法定假期日數最多的國家。當地有不少傳統節日，如寶蕉節、御耕節等，全國國民都能在假期中一同大肆慶祝。此外，柬埔寨十分尊重王室，因此與王室成員相關的重要日子如國王、王后生日、國王登基日也會被列為假日。再加上當地曾經歷過不少戰役，為了紀念戰爭獲勝，亦設有不少假期，當這幾項原因加在一起，假期的數量自然遠勝其他國家。

不過，由於假期過多會影響生產效率，柬埔寨政府在 2020 年宣布縮減部分傳統節日和紀念戰勝的假期，令當地的假期由每年 28 天縮短至 22 天，後來在 2021 年再減少 1 天，使柬埔寨不再是全球最多假期的國家。

每年有 25 天公眾假期的斯里蘭卡取代了柬埔寨的地位，一躍成為假期數量榜的榜首。原來斯里蘭卡之所以有這麼多假期，皆因當地是多民族、多宗教的集中地。為了尊重各民族和宗教信仰的國民，當地把不少宗教的重要日子都定為法定假期，比如基督教的聖誕節、佛教的佛誕、伊斯蘭教的宰牲節、印度教的排燈節等。這就好像香港既慶祝聖誕節，又會在佛誕放假一樣。較為特別的是，當地政府並不強制國民一定要在每一個法定假期放假，而在假期上班的市民，有權獲得平常上班日的雙倍薪金，這樣就不一定會影響到生產效率了！

身在香港的你，是不是非常羨慕斯里蘭卡人擁有這麼多假期呢？

雲端列車真的存在嗎？

乘坐列車在雲間穿梭，聽起來就像在電影和小說中才會出現的情景。不過在現實世界中，居然真的存在雲端列車！這個既浪漫又刺激的列車就在南美洲國家阿根廷的薩爾塔列車。

薩爾塔省位於阿根廷的西北部，鄰近長達 8,900 公里，平均高達 4,000 米的安第斯山脈。被稱為「雲端火車」的薩爾塔列車，就建設在當地的萊爾馬河谷沿路，全長 434 公里。在整段車程中，會經過 29 座橋、21 條隧道、13 座高架橋和 2 段環形線路，車程長達 16 小時。列車會從海拔 1,187 米的薩爾塔市出發，通過 4,200 米的高架橋抵達安第斯山脈的阿塔卡馬高原。

當火車進入智利北部時，由於鐵路在海拔 4,000 米的高架橋上行駛，因此車身都會被雲層環繞。這段鐵路共有 2 個站，第一站是 La Polvorilla 高架橋，而第二站則是聖安東尼奧村。

這座雲端列車在 1932 年由美國工程師主持興建。不過，由於鐵路所在的地方海拔很高，而且跨越了曲折盤旋的山地，因此整個籌備和興建的過程一共花了 27 年。在 2006 年，這條鐵路還曾經因為安全原因而被迫關閉，一直到三年後，翻新和維修工程完全結束後才再次對外開放。現時，每個星期都會固定有一班薩爾塔雲端列車開出，乘載客人穿梭雲海。假如有機會遊覽阿根廷，不妨親自乘上這列鐵路，一嘗在雲間旅遊的滋味吧！

世上第一句短信
價值過百萬？

每逢節日都會收到來自不同人的祝福短信，但世界上竟然有一句「聖誕快樂」價值過百萬港幣！為什麼這句祝福會這麼昂貴呢？

這句「聖誕快樂」會價值過百萬元，是因為它是世界上第一條短信。在世界上還沒有智能電話，人們無法使用即時通訊軟件前，手機短信曾經是人類互通消息的重要媒介。短信服務又稱為 SMS，即「Short Message Service」，個人使用者和企業、廣告商等能夠使用短信服務，向個人、群組或其他電訊使用者發送 140 位元組以內的信息，這大概等於 140 個英文字、70 個中文字左右。這項服務的發明，可說是通訊科技發展的里程碑之一。

在 1992 年 12 月，沃達豐（Vodafone）公司的工程師 Neil Papworth 發送了世界第一則短信給他當時的董事長 Richard Jarvis，內容是「Merry Christmas」。這則短信後來在 2021 年由沃達豐公司製作成非同質化代幣（NFT），並公開在巴黎拍賣會上拍賣。中標者將會收到一個包含信息的數碼文件，並得到展示了那條信息的數碼相框，還有一切有關該短信的獨家使用權利。2021 年 12 月 16 日，這則短信以 14 萬 9729 美元售出，約等於 117 萬港幣，可說是一個天價！

沒想到一則短短由 15 個字符組成的短信竟然能價值過百萬港幣，不知道你對這個拍賣有什麼看法？你覺得這則短信對人類意義重大，還是認為它根本不值得以這樣的高價賣出呢？

第一個被「嘟」的條碼是什麼？

你發現到嗎，這本書後面有一個由黑白相間組成的條紋標籤。這些條碼（Barcode）的作用是幫助零售業處理商品，因此被廣泛應用在我們的工作和生活當中。原來條碼最初是由一個在國際商業機器公司（IBM）工作的美國工程師諾曼·伍德蘭（Norman Woodland）最先想到的，他的靈感來自摩斯密碼。雖然伍德蘭在上世紀 50 年代就為條碼申請了專利，但他卻無法自行開發掃描條碼的技術，因此找來了同事喬治·勞雷爾（George Laurer）一起研究怎樣應用條碼讀取信息。

勞雷爾在與伍德蘭合作後，花了幾年的時間，終於成功降低成本，開發了可以讀取條碼的掃描機，即現時我們在商店看見的「嘟嘟槍」。由這時起，條碼技術才正式從概念變為可應用的技術，商家能正式運用條碼記錄商品資訊，快速地處理貨品。這不但大大提升商品處理的速度，同時能減省工作，令企業的人力成本下降。

條碼的發明原來這樣偉大，那麼第一個被激光掃描條碼的商品是什麼呢？

原來是一包在 1974 年 6 月於美國俄亥俄州出售的箭牌多汁水果香口膠。這個產品標誌着條碼技術成熟，至今仍展示在華盛頓的美國國家歷史博物館中。而發明條碼掃描機的勞雷爾同樣受到歌頌，他在 2019 年 12 月 5 日去世後，IBM 網站隨即發起了哀悼活動，評價他發明的條碼掃描機：「革新了世界上幾乎每個行業」。

想不到小小的條碼其實別具意義，你們也可以留意一下身邊的微小事物，說不定它們也像條碼一樣，有着有趣的故事。

各地的離奇法例

在這些國家越獄居然不犯法？

你可能看過一些以越獄為題材的電影，當中的主角為了重獲自由與獄警鬥智鬥勇，非常緊張刺激。其實現實生活中也有不少越獄故事真實上演，而且不僅如此，在一些國家，越獄竟然是不犯法的！

原來德國、比利時、奧地利、荷蘭、瑞典和墨西哥這 6 個國家，認為越獄只是人類追求自由的天性表現，這種人權應該受到法律本身的保障。因此，在這幾個國家的法律之中，罪犯試圖離開監獄並不算犯罪，但「合法越獄」的前提是，罪犯在整個離開監獄的過程中，絕對不能犯下任何罪行。比如不能偷獄警的鎖匙，不能破壞監獄本來的環境，也不能賄賂獄警。在這樣嚴苛的條件下，想要合法逃離監獄實在不是容易的事。

然而，在 1971 年的墨西哥，一名逃犯真的能完美逃獄。事發時獄警正和囚犯一起看電視，當一架直升機降落在監獄內時，獄警以為有重要人物來巡視監獄，因此毫無防備。就在這時候，2 名囚犯衝上直升機，直升機便隨即開走，整個過程前後不到 2 分鐘。獄警這時才發現，那架前來劫獄的直升機居然如此光明正大地闖入監獄，並把囚犯載走！

最後，逃犯成功經由直升機逃獄，之後再轉乘私人飛機返回美國。犯人主張自己整個行為的過程中沒有傷人、沒有破壞設施、直升機也是自己名下的產業，因此完全合法。雖然墨西哥政府認為，他在僱用機師這個環節有串通共犯的嫌疑，但既然犯人已溜之大吉，政府最後也無法再追究這一點瑕疵。

雖然越獄在上述國家是合法行為，但假如犯人在逃獄後再次被抓到，仍然需要服完之前被判處的刑期，只是越獄的行為不會導致加重刑罰而已。

在這個國家用腳踏錢幣是犯法的？

位於東南亞的泰國是不少香港人的熱門旅遊地點，但前往當地時，有一些小知識你一定要知道，不然就有可能違反當地的法律，為旅程增加不必要的體驗。

第一，在泰國踩着鈔票是違法的。如果不小心把鈔票掉在地上卻剛好有風吹來，你可能會下意識用腳踩着鈔票，不讓它飛走，但身處泰國的話萬萬不可以這樣做。原來泰國鈔票上印有泰王的畫像，而泰國是一個極度尊重王室成員的國家。一般人如果在公眾地方批評王室成員，很容易會惹來其他市民的不滿。正正因為王室在泰國的地位如此崇高，所以印有泰王畫像的鈔票同樣不容許被人踐踏。依據法律，踩鈔票的行為會被視為侮辱王室，屬於嚴重罪行，可能會被關進大牢。

第二，每天早上 8 點正和傍晚 6 點正禁止自由活動。每到上述兩個時間，泰國人民都會完全停下手頭上的工作，原因與不能踩鈔票的理由相似。原來在泰國，每天都會固定在早上 8 點和傍晚 6 點奏響國歌，就好像香港每天播新聞前都會播放國歌一樣。在這時候，所有泰國人和遊客都必須停止活動，停下來向國歌致敬。假如人們不向國歌起敬，便可能被視為冒犯君主，違反法律。

第三，隨時隨地喝酒可能會被抓進監獄。不少人都喜歡在旅行時放鬆身心，小酌一杯。但在泰國，不看地點喝酒可能會令人身陷牢獄之災。由於泰國人十分重視宗教和教育，為了表示對神明的尊敬和避免影響學校中的小孩，法例明確規定在禮拜堂、寺廟等宗教場所，還有在教育機構內都不能夠喝酒。違反這個規定最高會被監禁 6 個月，更會被罰款 1 萬泰銖。除此以外，在宗教節日，泰國人也需要表達對宗教的虔誠，因此當天不能售賣酒精，即使是遊客也不能喝酒。

下次去泰國旅遊時，記緊尊重當地文化，不要做出以上這些行為啊！

不能吃香口膠的國家？

不少人都喜歡嚼香口膠，更有研究指嚼香口膠可能有助我們保持專注。不過，並不是在所有地方都能自由地吃香口膠，新加坡就有法例嚴禁人們吃香口膠。

在 1992 年，新加坡政府立例，明確禁止市民吃香口膠，違法者會被罰款，甚至監禁。自從這項法例實施以後，香口膠徹底在新加坡市面上絕迹，任何國家都不能向當地進口香口膠。假如有人偷偷攜帶香口膠進入新加坡境內，會被視為走私，同樣屬於犯罪行為。

那麼，為什麼新加坡會立法禁止人民吃香口膠呢？

原來這與公共衛生和秩序有關。在 1980 年代，新加坡人仍然可以吃香口膠，但是不少缺乏公德心的人隨地亂吐香口膠，甚至故意把香口膠黏在公共設施上，產生了非常嚴重的社會問題。比如有破壞者把嚼過的香口膠黏在郵箱、鑰匙孔、電梯按鈕上。這種情況不但很不衛生，而且大大加重了清潔成本，因此引起了時任新加坡總理李光耀的注意。

1987 年，新加坡地鐵落成啟用，人民隨意亂吐香口膠的問題變得更加嚴重。當時有報道指，人們把香口膠黏在地鐵的車門感應器上，令車門無法如常開關，大大阻礙了地鐵運作。加上感應器的維修費用高昂，因此在 1992 年，接任的新加坡總理吳作棟決定頒布香口膠禁令，全面禁止人民吃香口膠。

時至今日，新加坡仍然嚴格禁止人民吃香口膠，不過，在 2004 年起，當地政府放寬條例，允許使用治療牙科疾病和戒除煙癮用途的香口膠入境，但人民必須攜帶醫療證明，並向醫生或註冊藥劑師購買相關的香口膠。

沒想到能嚼香口膠也是一種福氣！不過，不少人主張禁售香口膠是矯枉過正的行為。不知道你對這項政策又有什麼想法呢？

意大利專門出產奇怪法律？

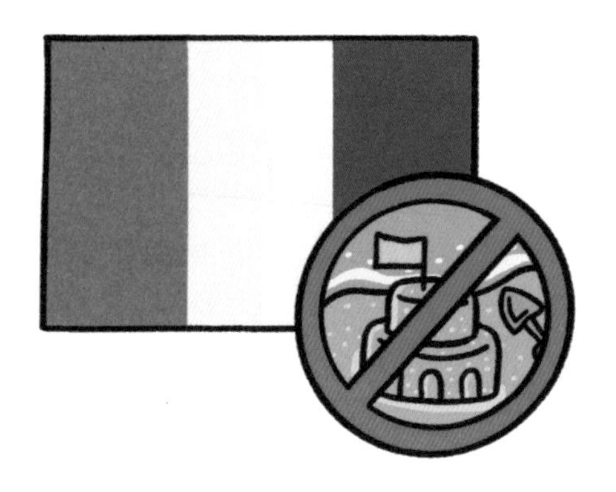

意大利以熱情浪漫聞名，與此同時，意大利人的奇特有趣也是世界知名的，原因是意大利設立了很多奇特的法律條文，讓人哭笑不得，就讓我們一起來看看這裏有哪些奇怪的規例吧！

米蘭是意大利其中一個最時尚的城市，這裏風景優美，是不少遊客的旅遊勝地。假如你來到米蘭，記着必須保持笑容，即使心情不好，也不要皺起眉頭。因為在米蘭的公眾場所中皺眉是犯法的！

至於另一個度假勝地萊里奇（Lerici）規定，無論在任何地方、任何情況下，毛巾都不能掛在房屋和窗戶外等在大街上能夠看到的地方。有些人猜測這個條例可能是希望保持城市的美觀，避免讓觀光客看到殘舊的毛巾。

至於在威尼斯省一個鄰近沙灘的城市——埃拉克萊亞（Eraclea），於沙灘上製造沙堡不但是犯法的，還會被罰款 25 至 250 歐羅不等，為免遇上無妄之災而破財，旅客們都要乖乖守法。

假如你認為上面的法例已經很莫名其妙，接下來還有更奇怪的法例呢！在 2012 年，位於意大利南部坎帕尼亞（Campania）地區中的小城市法爾恰諾．德爾馬西科（Falciano del Mas）實施了一項令人匪夷所思的條例，那就是禁止死亡！當地會設立這條法例的原因非常簡單——墓地不夠了！雖然法例是頒布了，但即使當地人想「死守」這條法例，他們也是沒有辦法控制的啊！

除此以外，意大利還有一項針對男性的規定，可能令不少時尚人士大感不滿。那就是男性不可以在公眾場合中穿着裙子，否則便有可能被拘捕。不過這項法律令不少人感到非常困惑，如果在羅馬鬥獸場外身穿像裙子一樣的古羅馬服飾，扮演古羅馬人的男性演員又有沒有違反法律呢？

在日本，過於肥胖是犯法的？

肥胖是現代人常見的健康問題，不少國家都為了減少癡肥人口，讓國民生活得健康而絞盡腦汁。但你有沒有想過，原來在有些國家，肥胖居然會觸犯法律？而且這個國家居然還在我們的不遠處！

這個認為「肥胖有罪」的國家就是日本。其實在發達國家之中，日本的肥胖人口比率非常低，只有約 4.5% 左右，然而，日本政府仍然十分關注國民超重的問題。在 2008 年，日本政府立法，規定男性的腰圍不能超過 85 厘米，而女性的腰圍則不能超過 90 厘米，否則便會觸犯法例！腰圍超過這個標準的人，需自行減肥 3 個月。如果 3

個月後，他們的腰圍仍然超出法律規定的範圍，便需要接受健康教育，學習適當的生活和飲食習慣。不過，他們面臨的懲罰還不止這些。

日本法例規定，假如地方政府和私人企業聘用過重的僱員，便會被視為推動減肥不力，更會被政府罰款！這一項規則導致大部分日本企業為了避免罰款，拒絕聘用肥胖的人。超重的人因而會迎來失業的危機，嚴重影響個人生活。設立了這項有力的措施，日本的肥胖人口自然長期偏低。

不過，日本其中一個最有名的職業，不就是相撲手嗎？一般相撲手的體重約為 135 至 180 公斤，身體內有大量肌肉與脂肪。這樣的話，相撲手怎能按政府要求而減肥呢？不必擔心，日本政府也有顧及到這部分的，因此會豁免一些如相撲手這類有特殊職業需求的人，並會保護和鼓勵他們的。

雖然日本政府限制腰圍尺寸的法律行之有效，但這項法例還是引來了一些反對的聲音。部分人主張每個人都有保持理想體型的權利，日本政府的做法限制了個人自由。不知道你又會支持還是反對日本限制腰圍的做法呢？

自殺是一種罪行？

自殺是自古以來就存在的社會問題，雖然在現代社會，自殺一般是無罪的，但原來，世界上有不少地方都曾經把自殺列為一種罪行。

在古代的雅典時期，自殺的人不被允許舉行正常的葬禮，墓碑上也不可以刻上任何標記。而在 17 世紀，法國路易十四就頒布了一條殘忍的法例，規定自殺者死後會被倒掛起來，最後掉進垃圾堆中。

1845 年的英國同樣視自殺為罪行，當時的英國人認為自殺未遂與謀殺未遂的嚴重性相同，因此，自殺不成功的人可能會被政府監禁，並判以絞刑。這導致了尋死失敗過後改變心意，希望求生的人反而會因為法律而死，變成了一種邏輯上非常奇怪的情況。不過到 19 世紀後期，歐洲人對自殺的看法漸漸從「這是一種罪行」改變，認為人之所以會自殺是由於精神問題，有關禁止自殺的法例也逐漸放寬。

時至今日，歐洲國家都不再視自殺是犯罪，但全球仍然有 20 個國家或地區把自殺視為一種罪行。比如在馬來西亞，自殺不成功的人可能會被判處最高 1 年的監禁和罰款；在印度，自殺同樣可以被判監 1 年，而教唆他人自殺的刑罰更重，可能會被判 10 年監禁，還需要接受勞役；而一些伊斯蘭國家則因為宗教原因，視自殺為嚴重的刑事罪行。另外有一些國家不視自殺為罪行，但煽動、鼓勵或協助他人自殺就屬於犯罪行為，比如澳洲的法律中就有類似的條文。

不過，近年有不少精神病學家和組織指出，把自殺列為罪行並不能減少人們自殺的數字，反而會造成反效果，令精神或心理不健康的人難以取得別人的心靈支持。要減少自殺數字，我們必須給予身邊的人更多愛和關懷，令他們願意愛惜自己。

ALOHA
HONG KONG
ONE DOLLAR
1995

藏在生活中的世界常識

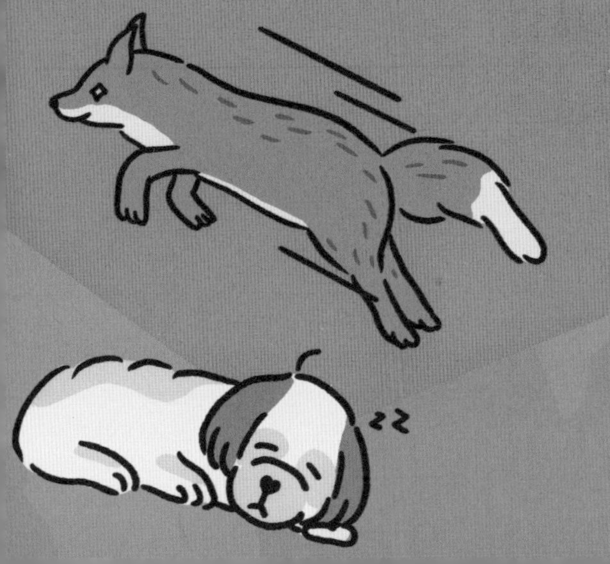

世界上最長的英文單字是什麼？

每種語言都有它的有趣之處，英語同樣含有無窮的樂趣，接下來，就一起來了解幾個富趣味的英語知識吧。

根據牛頓字典，世界上最長的英文單字是 Pneumonoultramicroscopicsilicovolcanoconiosis，全個詞長達 45 個字母，意思是「火山矽肺症」。當中 pneumono 表示「關於肺部的」，ultra 指的是「超」，microscopic 的意思是「微觀」，silico 表示「矽」，volcano 是「火山」，coni 表達「塵」，而 osis 則是代表「疾病」的字尾。另外還有一個字典沒有收錄的英文字是由 18 萬 9819 個英文字母組成，它就是「肌聯蛋白」的化學全名，據說光是念完這個詞就需要 3.5 小時這麼久呢！

另一組有趣的英文字是最長而當中又沒有重複字母的生字，滿足這項條件的字有「uncopyrightable」和「dermatoglyphics」兩個詞。它們同樣長達 15 個字母，前者是形容「無法受到版權保護的」事物，而後者則是指皮膚文字學，是一種研究如指紋等皮膚紋路的學問。

英語中還有一種稱為「pangram」的特別句子，即是「全字母句」，指包含所有 26 個字母的句子。最著名的全字母句是「The quick brown fox jumps over the lazy dog.」，意思是敏捷的棕色狐狸跳過一隻懶惰的狗，另外還有「Pack my box with five dozen liquor jugs.」（用五打酒壺裝滿我的箱子）等。全字母句能展示所有英文字母，因此負責設計字型的設計師特別喜歡使用這類句子，讓用戶在下載字型前了解到該字體的全貌。

除了以上的小知識外，英國還曾經做過一項研究，選出英國人認為最容易讀錯的單詞。Phenomenon（現象）在列表中榮登第一，因為大部分人都會弄亂這個詞中 m 和 n 的發音。第二位是 anaesthetist（麻醉師），因為 th 和尾音 t 的轉換很快，令不少英國人舌頭打結。而第三位的 remuneration（報酬）一詞，就常常被誤讀成 renumeration。可見即使是英國人，英語對他們來說也很不簡單呢！

投擲硬幣時，公和字所出現的概率並不一樣？

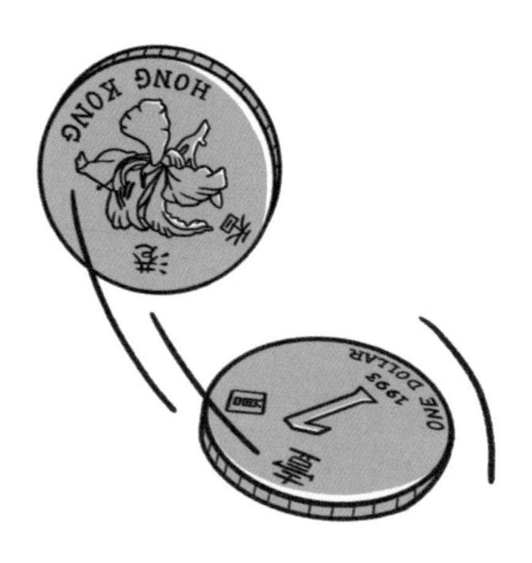

數學是一門高深的學問，當中很多有趣的數學問題，答案可能是你從來都沒有想過的。以下這些數學小知識，你又知道嗎？

第一，1+2+3+4⋯⋯一直順次序把數字相加至 100，答案是 5,050。而 1 加至 1,000，答案將是 500,500。假如你想要計算其他數字順序相加的答案，只要運用［（首數）+（尾數）］X 尾數 /2 的公式，就能輕鬆算出答案。

第二，算式 1,111,111 乘以 1,111,111，答案將是

1,234,567,654,321，呈現出數字由順序至倒序完美平衡的答案。

第三，當我們擲硬幣時，你可能會以為硬幣的數字向上和圖案向上的機率相同，一樣會是 50%。不過，其實硬幣有圖案的一面略比只有數字的一面更重，這個誤差導致投出圖案向下、數字向上的情況略比圖案向上、數字向下的可能性更高。假如我們投擲硬幣 1,000 次，那麼圖案向上的結果大概會是 495 次，而圖案向下的結果則是 505 次，意味着投出圖案向下的概率，比另一種結果高 1%。

第四，假如你把一張紙對摺 45 次，紙的厚度就會等同從地球到月球的距離，即是 38 萬公里這麼厚！可惜的是，紙張實際上無法無限次對摺。一般而言，日常生活中經常接觸到的 A4 紙只能對摺 6 次，當摺到第 7 次時，就會因為過厚而無法再對摺了。

第五，如果一場聚會有 23 位參加者，那麼會場內出現 2 個生日日期相同的人的機率將大於 50%。不過，如果我們想尋找 2 個在特定日期生日的人，例如 2 個在 12 月 6 日生日的人，那麼在 23 個人的聚會中，只有 6.12% 機率能滿足這個條件。

古代平民一日只能吃兩餐？

一日三餐是日常生活中的大事，每天享用營養豐富又美味的正餐能為我們補充精力，應付每天的學業和工作。但你知道嗎，其實一日吃三餐的傳統觀念是在宋朝時才確立的。

在秦朝以前，平民一天只會吃兩餐。這是因為當時的農業還不發達，糧食不足以應付一日三餐，因此只有貴族家庭才有能力一天食用三餐。加上古人日出而作，日入而息，真正活動的時間很短，因此並不需要吃滿三餐。那時候，人們會在中午 12 時左右吃早飯，稱為「朝食」或「饔」；在下午 4 時就吃午餐，稱為「餔食」或「飧」，成語「饔飧不繼」就是出自這項飲食習慣。

到了魏晉南北朝和唐代以後，經濟逐漸繁榮，民間除了朝食和餔食外，開始有了「午飯」、「中餐」的說法。不過，雖然其時社會變得較漢朝富足，但一般貧苦家庭仍然未能負擔三餐，因此當時的主流習慣還是一天只吃朝食和餔食。

直到宋代，貿易發展蓬勃，夜間的照明設施也完善了不少。統治者消除了宵禁的措施，令人民可以出門夜遊，民間於是出現了夜間市集。可以想像宋朝的夜市就好像現今台灣的夜市一樣，不但能買賣貨物，還有大量可口的餐點可以讓市民滿足口腹之欲。因此由這時開始，中國人除了朝食和餔食外，還可以吃「夜宵」，一日三餐的飲食模式於是逐漸變成常態。

不過，中國歷代都有一類人一天不只享用三餐，而是每天都能吃四餐，他們就是皇帝。早在漢朝起，中國皇帝已經實行一日四餐的飲食制度，包括天剛亮時吃的旦食、中午時吃的晝食、4 點左右吃的夕食和黃昏時吃的暮食。一直至清代，皇帝仍然維持着一天四餐的飲食傳統，突顯統治者的身分不凡。

鬱金香可以擾亂金融市場？

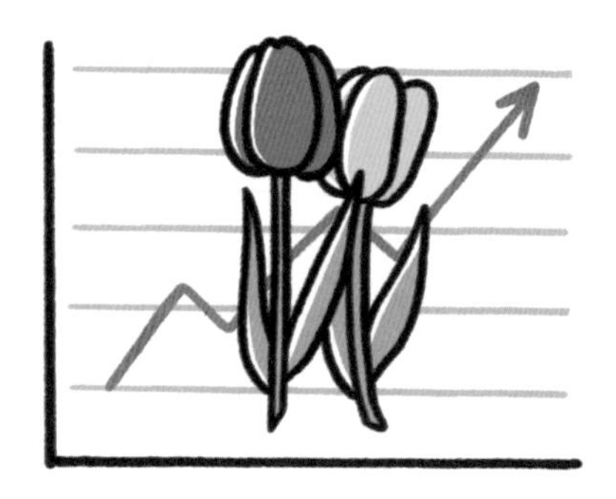

鮮花顏色艷麗，香氣撲鼻，是不少人的心頭好。在歷史上，曾經有一個國家的人民為了一種花卉而瘋狂得豪擲千金，更導致整個城市陷入經濟混亂，那就是 1637 年在荷蘭發生的「鬱金香狂熱」事件。

鬱金香有「魔幻之花」的稱號，在 16 世紀末由鄂圖曼土耳其引入荷蘭。這種植物外形優美，但很難在短時間內大量繁殖，因此在當時的社會來說十分珍貴。荷蘭人被鬱金香的美態深深俘虜，紛紛搶購這些花卉。不過，由於鬱金香的供貨量遠遠少於大眾的需求，商人於是看準商機，不斷抬高鬱金香的售價，從中賺取暴利。「鬱金香狂熱」就在這時掀起序幕。

接着，一些投機者開始進入市場，他們購入鬱金香後，通過炒賣投機來賺取利潤。鬱金香的售價因而飆升到 3,000 元荷蘭盾，這個金額在當時可以交換到 10 多頭牲畜和大量衣服，甚至有紀錄指出，在那段時間，曾經有人以高級的鬱金香球根交換了一座宅邸！

由於富人熱中於買賣鬱金香，一些平民和工匠也開始嘗試進入交易市場，令市場通脹更加嚴重。不過他們並沒有資金，所以只能以預約支付的形式買賣鬱金香，情況就好像我們使用信用卡購買商品一樣。但是 16 世紀的貿易市場還不成熟，因此這些預支款項的交易很快就衍生出大量交易糾紛，令金融市場陷入混亂。

到 1637 年初，鬱金香市場終於因為欠據無法兌現、貨品泛濫找不到買家等原因而暴跌。當時有大量付不出貨款卻又債台高築的人，令荷蘭經濟陷入混亂，最終驚動了議會和市政府介入調查，才能徹底結束混亂的「鬱金香狂熱」時代。

沒想到小小的一朵鮮花，居然能擾亂整個國家的經濟市場。其實無論購買什麼，都要謹記不能盲目跟風，否則可能會令自己損失金錢呢！

雞生蛋先，還是蛋孵雞先呢？

「有雞先」還是「有蛋先」是一個著名的科學難題，時至今日，科學界對這個問題仍然未有定論，但支持各自立場的科學家都提出了不少理據。

認為先有蛋的科學家指出，地質學家在中國發掘出一些化石，而這種化石就是雞等一切卵生動物的卵的雛型。這項發現證明了卵生動物在卵中發育時，細胞也會遷移和重組，漸漸進化成不同的品種。因此，這一派科學家主張雞的祖先首先誕下蛋，蛋中的細胞經過重組，變成雞的基因，使蛋變成了「雞蛋」。因此是先有雞蛋，接着蛋成功孵化才變成雞。

支持先有雞的科學家就從雞蛋的蛋白質方面研究，英國生物學家馬克・羅傑提出不同鳥類都會使用其獨有的蛋白質製造蛋，而雞蛋殼中有一種獨特的蛋白質，稱為「OC-17」。據研究顯示，這種雞蛋的標誌性物 OC-17 能夠催化雞蛋殼的形成，所以必須先有這種物質，才能形成雞蛋。而 OC-17 只有在母雞的卵巢內才能找到，意味着一定是先有母雞出現，然後才能生出雞蛋。

還有一部分科學家認為，在自然演化的過程中，很多演變是同時進行的，雞和雞蛋會一起通過進化而產生，因此不存在先後問題。

雞和雞蛋的先後問題古往今來除了引起科學討論外，也啟發了不少哲學家思考。比如有哲學家指出，先有雞還是先有雞蛋其實是一個語言邏輯問題，取決於人們對「雞蛋」的定義是「孵出雞的蛋」，還是「由雞生的蛋」，前者的答案必然是有蛋才有雞，而後者的答案就一定是先有雞才能生出雞蛋。

先有雞還是先有蛋的問題到現在仍然沒有答案，相信這個問題今後還會引起不少討論，期待真相大白的那一天。

撲克牌中的 K 分別是誰？

撲克牌是常見的卡牌遊戲，不過在遊玩的同時，你又有沒有想過撲克牌背後隱藏着怎樣的歷史和秘密呢？原來撲克牌是由法國塔羅牌演變而來的，這種遊戲在 14 世紀末出現，由最初跟塔羅牌一樣的 78 張牌簡化成 52 張牌，分為紅心、階磚、梅花和葵扇四種圖案，其中的 4 張國王牌，就代表了西方歷史上 4 位赫赫有名的國王。

紅心 K 代表查理曼，他在 8 至 9 世紀統治了羅馬、法蘭克、倫巴底等地，是繼羅馬帝國後另一個統一了西歐大部分土地的君主。他的戰績為後世法國、德國等地建立政權奠下了基礎，因此他被尊稱為「歐洲之父」。

另一位與羅馬有淵緣的國王是階磚 K 代表的凱撒大帝。傳說中，他的祖先是希臘神話中的愛美神維納斯。血統高貴的他是羅馬共和國最後一任執政官，曾用了 8 年時間征服現在的法國、德國、英國、西班牙等地，十分英勇善戰。

梅花 K 代表的是亞歷山大大帝，同樣曾令世界各地的民眾聞風喪膽。他是馬其頓、希臘、埃及和亞細亞的霸主，在公元前 336 年至 323 年期間，整個歐洲、非洲北部，以至亞洲南部的波斯、印度等地都是他的領土。因此亞歷山大大帝除了是著名的國王外，也被視為歷史上最偉大的將軍之一。

最後，葵扇 K 是代表公元前 10 世紀的以色列國王大衛王，他也是《聖經》故事中，以投石器殺死巨人歌利亞的英雄。大衛王以專心信仰上帝而聞名，傳說他寫過許多歌頌神的詩歌，可說是文武全才的國王。而且根據《聖經》記載，救世主耶穌也是他的後代呢。

現在你已經認識了幾位歷史上偉大的國王，下次與朋友玩撲克牌時，不妨向他們介紹一下這些英雄人物吧！

儲存地球珍貴物種的種子銀行？

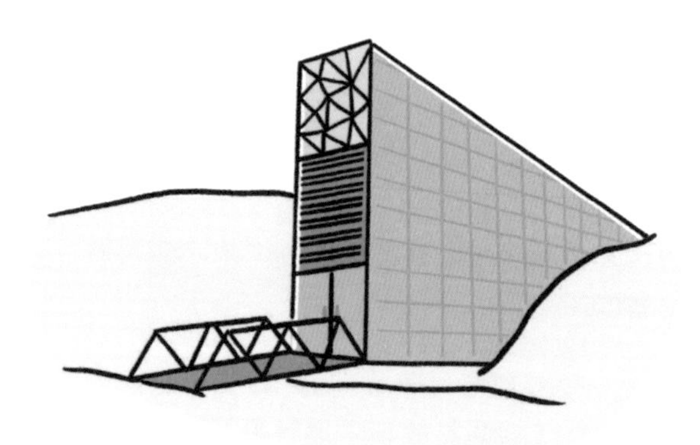

生活中常見的銀行是我們儲存金錢的地方，近年一些社區組織建立食物銀行，儲存食物，派發給有需要人士。沒想到世界上還有一種特別的銀行，那裏儲存的居然是種子！

之所以會儲存種子，全因為小小的種子其實是地球上珍貴的寶藏。種子是植物繁衍和傳播的重要媒介，當中保存了植物的基因。儲存種子雖然不會像存錢一樣，帶給我們利息或金錢上的保障，但種子銀行卻能夠保存多樣化的物種，確保即使遇上大型糧食危機、植物絕種、失去物種多樣性的環境下，仍然能使用種子銀行中保存的植物基因，繼續繁殖植物。

此外，種子銀行是個富有學術價值的地方，內裏保存種子的時間可以長達數十年，一些曾在世界各地種植過的原生品種植物，還有一些現在已經不常見，或是被新品種完全取代的植物，都可以在種子銀行中找到它們的種子。這不但保存了植物發展的歷史，也能保留人類文明過去的文化價值，為將來的基因改造研究提供穩固的基礎。

正因為種子銀行的意義重大，全球各國都爭相設立種子銀行，以保存地球上的珍貴物種。目前，全球最大的種子銀行是位於挪威北極地區的斯瓦爾巴全球種子庫，當地儲存了 105 萬份種子，來源地更遍佈全球 70 個國家，由於保存庫龐大，所以有「植物諾亞方舟」的美稱。

世界第二大的種子銀行在中國雲南，名為「中國西南野生生物種質資源庫」，收藏了超過 40 萬份種子樣本。這個資源庫採用攝氏 -18 度保溫的科技，令種子長期處於冬眠狀態，能夠長期保存稀有及瀕臨絕種的種子。

有了這些偉大的種子銀行，即使地球他日面臨糧食危機，相信我們都不需要擔心了！

夏威夷語只有 13 個字母？

我們日常使用的中文大概有超過 3,000 個常用字，英文則有 26 個字母，但你想像得到，假如一門語言的字母只有英語的一半，會是怎樣的呢？

原來世界上真的存在只有 13 個字母的語言，那就是夏威夷語。夏威夷語母分為 5 個基本元音，5 個長元音和 8 個輔音。元音包括與英文共通的 A、E、I、O、U，長元音即是把上述 5 個元音拉長，而輔音就包括 H、K、L、M、N、P、W和聲門塞音「'」。在這 13 個字母互相組合，便能組成夏威夷文中的所有字詞。

夏威夷文字系統起源自 1820 年到 1826 年之間，由美國來到夏威夷的傳教士發明。這是因為夏威夷人在接觸西方文化前，只會以岩石雕刻符號作為記號，並沒有屬於自己的文字系統。當傳教士來到這裏後，他們便開始為夏威夷人記錄和拼寫文字。

在文字系統剛開始形成時，夏威夷文曾經包含了 B、D、R、T 等輔音，還有 AE、AI、EU 等雙元音，不過在 1826 年後，一些多餘、相似或能夠被取代的的音被學者刪減，所以夏威夷文字最後只留下 13 個字母。不過，當一些外來詞進入夏威夷文字系統時，仍然會保留非夏威夷的字母。比如巴西的英文是 Brazil，但夏威夷文並沒有 B 這個輔音，所以會變成 Palakila，不過在夏威夷人使用時，仍然會保留 Barazila 中的字母 B。

然而，自從 1899 年夏威夷被併入美國版圖後，夏威夷本土的語言便被禁止使用。從這時起，使用夏威夷文的人數不斷下降，到 2000 年左右，全球使用夏威夷語的人口已減少至不足 2 萬 5000 人。因此，夏威夷文被聯合國教科文組織認定是極度危險的瀕危語言。看來需要當地人和學者好好努力，世界才能繼續保存夏威夷語這個獨特的語言系統了。

為什麼 2 月會特別短？

為什麼每 4 年才有一個 2 月 29 日？因為地球環繞太陽一圈，是 365.25 日，那 0.25 日，每隔 4 年就能累積成 1 天，被安放至 2 月 29 日。這個或許大家都耳熟能詳了。不過，為什麼這一天是放在 2 月呢？再進一步想，為什麼一年之中只有 2 月那麼短？

這要由公元前 8 世紀的古羅馬時代說起。原來那時候，曆法只會從 3 月算到 12 月，其餘的冬天日子是不會算進去。如果認識拉丁文的話就會更容易明白，拉丁文的 7 是 Septem，8 是 Octo，9 是 Novem，10 是 Decem，完全對應了現今 9 月至 12 月的英文，可見，以前一年真的只有 10 個月。

直到國王努瑪龐皮留斯（Numa Pompilius）提出改革曆法，首次將寒冬期也計算在內。他們根據月相周期，將一年定為 355 日，由於在古羅馬時期，雙數代表不吉利，所以國王把每個月設定為只有 29 天，並增加了 1 月和 2 月，然而由於 2 月是古羅馬的「淨化月」，屬於處刑和贖罪的月份，因此人們也不介意 2 月是雙數日子的 28 天。所以，為什麼只有 2 月特別短，那是因為它才是真正的「最後一個月」。

不過，由於跟隨月相的曆法跟季節並不契合，容易造成混亂，所以公元前 46 年，凱薩大帝（Julius Caesar）決定重新整理曆法，就成為了今天的陽曆。大的月份有 31 天，小的月份有 30 天，只有 2 月維持 28 天。大月和小月梅花間竹，但為什麼 7 月和 8 月都是大月？因為 7 月是凱薩大帝的出生月，更特別把 7 月改名為 Julius，英文成了 July；八月則是以他的繼任人奧古斯都（Augustus）來命名，英文則是 August。

最後一個趣聞，原來一年不只 365.25 天，而是還有一堆尾數在後面！如果置之不理，大約每 400 年就會多出 3 天。

南極比較冷還是北極比較冷？

地球上最熱的地方是赤道，最冷的地方是兩極。由於地球的自轉軸傾斜，所以兩極的地方都會有一半時間吸收不到太陽的光和熱，稱為極夜，南北極都會出現冰天雪地的天氣，但要比較的話，究竟北極是冷一些，還是南極冷一些呢？

先說答案：南極冷一些。

在詳細解釋前要先知道南北極的分別。雖然兩極都是冰，但南極是由大海包圍着的陸地，北極則是被陸地包圍着的大海。南極有 98% 的陸地被冰覆蓋，冰層平均厚度近 2,000 米，而且終年不會溶化。而北冰洋則是被歐亞陸地和北美大陸包圍，冰面積僅為南極的 60% 左右。由於海水的散熱速度較陸地慢，對陽光的反射率也較小，熱能可以較長的時間留在海水之中——雖然相對地球其他地方所吸收的熱能並不多，但北冰洋的海水的確令北極較南極溫和一些。

至於南北極地勢不一樣，亦令到兩地的氣溫有差異。南極平均海拔高度為 2,350 米，其中南極大陸有 25% 的土地海拔超過 3,000 米，最高約 5,140 米，是世界上平均海拔最高的大洲，由於高海拔的空氣較稀薄，很難留住太陽的輻射熱量，當太陽一下山，熱能很快就會跑掉，所以海拔愈高溫度愈低。

還有第三個原因，就是南極不論是大氣環流（即大規模的空氣流動）還是大洋環流（即大規模的海水運動）均比較封閉；而其他地區可以通過大氣或大洋環流輸送熱能到北極，所以北極也較南極溫暖了。

說了這麼多理論，數據還是最實際的：北極的年平均氣溫為 -10℃左右，最低紀錄為 -70℃；而南極的年平均氣溫為 -25℃至 -30℃，最低紀錄是 -90℃。所以，北極約較南極暖 20℃，不過還是很冷就是了。

中國的特別姓氏？

2021 年 12 月，有這樣一則新聞：中國內地有一位爸爸，感到十分煩惱，不知如何替女兒改名，遂向網民求救。為什麼改個名那麼難？原來這位爸爸的姓氏相當奇特：姓屎！這位爸爸從小就因為姓氏關係而受到心靈創傷，不想女兒步自己的後塵，所以一直在煩惱着。

如果要選特別姓氏之首，這個「屎」姓應該是當之無愧的坐在寶座之上。那麼，中國還有其他特別的姓氏嗎？內地有一本叫《千家姓》的書，羅列了中國幾乎所有的姓氏，其作者程應璉說：「中國姓氏博大精深，零、一、二、三、四、伍、陸、柒、仈、九、十、百、千、萬、兆是姓氏，春、夏、秋、冬、年、月、日、時、分、秒是姓氏，甚至連油、鹽、醬、醋、茶也是。其他如堵、宰、藥、酒、死、色、癬、啞、塚、髒、孬、騷、屎、尿、廁、糞、毒、屍這姓氏，取名更讓人頭疼。」原來不只有屎，還有尿、廁、糞猶如洗手間家族一樣的姓氏群組，當令人大開眼界。

還有一些特別的複姓，使慕容、令狐在這些複姓面前都變得普通，如「禿發」，因為簡體字緣故不知是否就是「禿髮」；「老男」也很特別，聽說是宋代司馬老估的後代，但為什麼不姓司馬呢？「冤賴」也是一個有趣的姓氏，不知以廣東話念時會否讀做「冤黎（第二聲）」？

說回屎先生為什麼會姓屎，也是有一個典故的：原來屎姓源自於壯族，是一個人口不足千人的稀有姓氏，為什麼姓屎？因明代瑤族人牛嘉軍的一句氣話：「姓屎姓尿也不姓牛」，從此他自稱「屎嘉軍」，後代也以「屎」為姓──其實，反正姓屎也是這位人兄自己亂取的，改回姓牛，認祖歸宗，不就好了嗎？

擦

世上獨一無二的特殊職業

睡覺也可以賺錢？

如果有一份工作，只需要你到不同的酒店睡覺，月薪大約 3 萬 6000 元，你會否應徵呢？「每天 staycation，又有錢收，何樂而不為？」或許你會這樣想。但其實這份名為「酒店試睡員」的工作，着實不簡單，絕不能看輕。

你會說，不是到各酒店房間睡睡而已嗎？要是這樣的話，恐怕應徵者多得如恆河沙數。酒店試睡員可真的不是睡睡而已，他們需要為每一間酒店房的每一個細節評分，包括牀是否睡得舒適、浴室準備的沐浴用品是否足夠、冷氣會否太冷或太熱、電視機能接收到足夠的電視台、餐飲服務是否美味等，也要評價酒店的價錢是否物超所值，甚至虛無飄渺的「房間氛圍」，都要鉅細無遺地一一感受，然後撰寫一份報告書給酒店，請他們改善。而這份報告書，也不能胡亂填寫的，必須有理有據，並有獨特見解，酒店方面也會評估，究竟這位試睡員，是否真的能夠幫助到酒店。

所以，當試睡員一走進房間，不，是一走進酒店，整個人就要變得敏感起來，甚至連服務生有沒有為他們推門，推門時有沒有微笑等都要注意。之後，他們不可能像遊人 staycation 一樣的放鬆，他們必須找出房間的不足，即使睡着了，也還是在工作，身體需要感知睡牀對客人的影響，醒過來的時候為這個晚上評出分數。完成審視一間酒店房，轉頭又要到另一間酒店別的房間，做着一樣的工作。如果晚上是他們的工作時間，什麼時候才能回家休息？所以有不少酒店試睡員，都彷彿沒有家一樣。

酒店試睡員的辛酸不為人知，當我們視牀為休息的地方，但牀對他們而言是工作的地方。那麼，他們真正可以放鬆休息的地方，在哪裏？

試食狗糧貓糧的職業？

你有養貓狗嗎？如果有的話，那你一定曾到過超級市場購買寵物糧食。在貨架之上，有不同牌子、不同味道的貓糧狗糧，該如何選擇呢？怎樣才能買到你的寶貝狗寶貝貓喜歡的食物？看價錢？產地？你會否嘗試一下，為牠們試味？如果不敢的話，其實也沒什麼大不了，因為你購買的貓糧狗糧，可能已經有人吃過了。

世上有一種職業，叫狗糧品嘗師和貓糧品嘗師。說得沒錯，就是把貓糧狗糧放進口中試味的職業。要怎樣才能做到這份工作？最重要的當然是，懂得分辨貓狗的口味，知道牠們喜歡吃什麼，不喜歡吃什麼；具體一點，就是從糧的氣味、大小、軟硬度等，去判斷該糧食是否適合貓狗。有時甚至會使用電腦和機器協助判斷，是一門很專業的工作。

這種判別貓狗是否喜歡的能力，是如何訓練出來的呢？據貓糧品嘗師說，吃多了就會知道。事實上，他們需要定期為新產品試味，市面上過百款貓糧狗糧都試吃過，有些貓糧狗糧於人而言味道實在難以下嚥，但對貓狗來說可能是極品美味，比如大部分貓糧味道都偏向腥臭，那品嘗師的工作，便是「吃苦思甜」。

品嘗師算是產品出產前的第一關，第二關當然要由貓狗自己去試了。品嘗師亦要協助貓狗進行測試，不單是判斷牠們是否喜歡，還有是否適合，如貓狗進食後拉肚子的話，當然是糧食出了問題。所以，產品需要過了人和貓狗兩關，才會出售。

這些貓糧狗糧品嘗師遍佈世界各地，薪水各異，有說在美國，狗糧品嘗師年薪可達 7 萬 5000 美元。而在中國的大城市如上海，貓糧品嘗師則有月薪 2 萬人民幣，即年薪 24 萬人民幣。或許你會問，除了貓糧狗糧外，魚糧、兔糧、倉鼠糧、龜糧又有沒有品嘗師？這方面暫時沒有相關的資料，但或許是你創業的契機啊！

陪伴是最昂貴的？

近年有一種新興行業，叫「陪伴師」，主要是因為現代都市人都要努力工作，較難兼顧工作以外的事情，因此需要這種陪伴師的幫忙。

身在香港的我們較難理解這種需求，但在其他國家的人們，要賺錢過好生活，就必須到大城市工作，如在中國內地的話，要到北京、上海；在台灣，就到台北市；在美國要去紐約等等。那麼在老家年邁的雙親、年幼的子女就會乏人照顧，尤其這個時代，女性也要為事業拼搏，夫妻一同到大城市工作是常有的事。於是，「陪伴師」這種職業應運而生，他們專門到人們的老家，代替賺錢的一代照顧家人。

　　這些陪伴師也是需要特定專長的，比如教導小朋友功課和成長的能力、照顧老人的耐心，當中需要一點心理學、醫學的知識才能勝任。否則在陪伴師照顧下的子女成績一落千丈，又或是老人有病時不懂處理，又怎能對得起陪伴師的工作？

　　不過，也有一些「陪伴師」，真的什麼都不用做，說的是在日本一位自稱「出租閒人」的人，名叫森本祥司。他賣的，就是純粹的「陪伴」，讓他站在你的身邊，但什麼都不做，不會參與你的生活，不會提供任何意見。你或許會問，真的有這個需要嗎？原來是真的。當中有的需求比較現實，例如早年有一個捉精靈的遊戲，有女子想夜晚到公園捉精靈，又怕一個人會遇上危險，於是便找森本陪伴；而更多的是想作為心靈上的依靠，例如有一個自殺不遂的人，請森本到急症室，因為他想有人看到自己。

　　森本看到的人生百態，最後成為日劇題材。在香港，陪伴師好像不那麼流行。陪伴子女父母的，我們有家傭；反而是森本祥司這種無聲的陪伴，我們又是否需要呢？在繁忙的生活中，會否欠缺了專屬於自己的陪伴？

聞別人的狐臭
是一份高薪厚職？

有些人的鼻子特別靈敏，能嗅到別人嗅不到的氣味，如果他們用鼻子作為謀生工具的話，原來至少可以應徵 3 份工作。

第一份是「衛生紙嗅探師」。衛生紙沒有味道，或者只會發出製造商指定的氣味，這並不是偶然和巧合，而是衛生紙嗅探師追尋的成果。他們負責用鼻子嗅不同製造商的衛生紙，確保所有出產的衛生紙都沒有異味，畢竟衛生紙有時會用來抹鼻抹嘴，如果有異味的話會很難受，對品牌亦有影響。因此，衛生紙嗅探師的嗅覺必須比一般人靈敏，別人嗅不到，他們卻嗅到，才能顯出身價。

第二份工作是「聞嗅師」，一個來自台灣的職業，而且還是在政府部門工作的。他們負責聞的，是空氣，測試空氣是否受到污染。首先，台灣各市府環保局會在某地方抽取空氣採樣，再交由聞嗅師鑑定。聞嗅師也不是一開始就直接工作的，他們得先嗅嗅五個小瓶子，裏面裝了花香、焦糖、汗臭、糞臭、成熟果實等不同味道，聞臭師需要精準答中題目，證實嗅覺靈敏，才能開始工作。在聞嗅師鑑定前，有關當局會為他們準備三個袋子，當中只有一個是真正的採樣，另外兩個則是普通的空氣，聞嗅師需要分辨出哪一袋是有問題的空氣後才可以進行鑑定。他們會在裝有需要檢測的空氣袋子上打開氣孔，套上吹嘴，然後深呼吸一下。他們嗅到了什麼，就會記錄在筆記上。聽上去是否很專業？

至於第三份工作就有點……噁心，是狐臭嗅探師。相信一般人都不太想做，但如果告訴你年薪可達 200 萬美元的話……其實這是美國一個受到芳香劑、止汗劑公司委託而產生的職業，為這些產品做品質保證。他們當然會找來一些比較大汗的、本身體味濃烈的人去做，而狐臭嗅探師就要把鼻子嗅到他的腋下……

還是不要說了。不過，如果他們的產品較厲害，其實是不會聞到什麼臭味的，對嗎？

蛇毒汲取師對醫學有很大貢獻？

世上有些東西看似有害，但如果以適當的方法運用，會很有益處，比如是蛇毒。

蛇毒雖然會把你毒死，但也可以救你一命。一來攝取蛇毒可以製造抗毒的血清，那麼當你被蛇咬到時才有藥可救。二來蛇毒在醫學上甚有功效，具有七大用處：一、治癌和抗癌，抗腫瘤；二、止血和抗凝血；三、戒毒藥物和鎮痛劑；四、製造抗蛇毒血清；五、降血壓，降纖，溶血栓；六、治療瘀血頭痛；七、神經生長因子的應用。

原來蛇毒是很有功用的，但要怎樣才能獲取到蛇毒呢？這就要靠「蛇毒汲取師」了。他們首先要捉蛇，然後徒手收集毒蛇分泌出來的毒液，不要以為他們需要用上什麼特殊的器具，他們只靠一雙手，以及一個裝毒液的器皿如玻璃杯。而為了避免毒蛇口腔內的其他物質，如泥沙等會混進毒液，汲取師會為器皿罩上一層乳膠膜。汲取毒液的方法有兩種：一是咬膜法，捉住蛇頭，然後讓蛇咬到器皿上的乳膠膜上，排出毒液；二是電刺激法，用特製的電極碰觸蛇頭，令牠張開口之餘，也刺激到毒腺周圍的肌肉，迫毒蛇排出毒液。

蛇毒汲取師的年薪約 3 萬美元，算不上很高，而且相當危險，不過為醫學作出貢獻的這份使命感，實在令人尊敬。在美國，有一家人開設了一個全世界最大的毒蛇動物園，大約擁有 2,000 條蛇，其中約 150 條是毒蛇，每天，主人哈里森（Jim Harrison）要徒手捉超過 100 條毒蛇，然後收集其毒液，再賣給製藥公司。哈里森的經驗夠豐富了吧，但他說也曾被蛇咬過 8 次，最嚴重一次要住院 4 周、接受 3 次手術才能逃出鬼門關。而且，因為這份工作，他有多隻手指都失去了手指尖。

可見，這是一份捨身成仁的工作。作為人類，我們要感激他們。

等待也是一份工作？

如果有一天，你有一個漫長的假期可以去旅行，你會去哪裏？或許，看極光是一個不錯的選擇。但極光不像日出日落般能提早預測時間，它的出現並不穩定，聽說以前有人參加極光旅行團，也不保證可以看到極光，看來團友們都需要一點運氣。

不過，這樣子實在太掃興了吧。所以，芬蘭有一間酒店就想出一個方法：他們登報招聘「極光守護者」，工作日期由每年 12 月開始，一連 3 至 6 個月，時間為晚上 11 點到翌日早上 6 點半，工作經驗不拘，只需懂得英語，以及能以肉眼辨認到極光即可，工作內容固然只有一個：在夜晚保持絕對清醒，當見到極光時，就搖響身邊的響鈴，叫醒住客欣賞極光。

這間酒店名為北極雪酒店（Arctic Snow Hotel），位於芬蘭拉普蘭區（Lapland）羅瓦涅米市（Rovaniemi）中心的 26 公里，顧名思義，酒店提供的，是以冰雪建造的客房，滿有特色。酒店明白到遊客的「主菜」其實是極光，所以他們想辦法讓遊客把握每一次能夠看見極光的機會，不枉這一段旅程。

當然，極光不是只有芬蘭才可看到。世界上有十大看極光的最佳地點，分別是美國阿拉斯加、格陵蘭堪格爾路斯瓦克、挪威特浪索、芬蘭穆奧尼奧、紐西蘭斯圖爾特島、加拿大黃刀鎮、冰島雷克雅未克、俄羅斯莫曼斯克、瑞典尤卡斯亞維，以及往返美加航線的飛機上。旅客可以根據不同的時間，到適合的地方，爭取跟極光見面的機會。

說回極光守護者，酒店的聘約唯一讓人失望的，就是沒有包膳食，其實讓他們在當值期間吃一頓飯，還會比較有精神吧。不過有人說，極光守護者其實只是「夜間看更」而已，不算有特色，你又覺得如何呢？

水上滑梯測試員，先玩先享受？

炎炎夏日，最好就是到水上樂園玩。你夠膽玩那些水上滑梯嗎？即是從很高很高的地方，沿着一條管狀滑梯隨水下滑的那種。你可能會害怕：好驚，會不會不夠安全？其實在開放予公眾遊玩之前，就已經有水上滑梯測試員進行過安全測試了。

水上滑梯測試員，通常是受僱於全球連鎖式酒店或一些遊樂園。他們會周遊世界各地的水上滑梯，親身試玩，目的是測試其是否合乎標準。那麼，標準是什麼呢？第一，也是最重要的，當然是安全，比如滑落的速度會否過快；如果有管道，管道內的燈光會否足夠；管道內的水能否讓人一直向前沖，不致於令後面的人撞上前面的人，繼而發生意外；最後掉落去的那個泳池蓄水量是否足夠等等。如果測試員在試玩途中察覺到會有以上的危險，就需要向酒店或遊樂園詳細描述，以及提出建議，以防正式開業時有事故發生。

除了安全，當然還要測試水上滑梯本身是否好玩。如果太過安全，不夠刺激，那遊客會覺得不外如是。水上滑梯測試員需要掌握刺激度，要覺得好玩、緊張，但不失安全。例如在起點準備的時候會否令人感到緊張？途中彎彎曲曲的管道會否令人有一點點頭暈但又不會讓人感到不適？滑梯當中會否有些提速的部分，讓整個滑梯不會太過單調？到達終點的時候，所濺起的水花夠不夠大，會否讓人尖叫，讓整個體驗歷程到達最高點？如果使用電子儀器拍攝的話，應該在哪個地方用哪個角度拍攝較好？以上的種種問題都是水上滑梯測試員需要考究的地方。

那麼，怎樣才能成為水上滑梯測試員呢？首先，要18至30歲，而最重要的，是要懂得游泳。此外，若有一點文字根底會更佳，畢竟試玩過後要寫評價。如果應徵成功，將獲半年合約，合共20萬港幣薪金和7日有薪假期。

一年只需上班幾星期便可賺取過百萬美元薪金？

你會如何定義「筍工」呢？如果用「人工高，工時短」這 6 個字形容「筍工」，你是否認同？這裏就有一份工作，可能一年才上班幾次，便可達到年薪百多萬美元，說的是——飛機回收員。

話說在美國，無論是個人身分還是企業都可以購買飛機。就像我們買樓房一樣，先付一筆首期，然後供款。如果我們沒有錢供樓，銀行便會派人來收樓；同一道理，假如有人無法為飛機供款，銀行就會派飛機回收員出動。

由於美國法例規定，在飛機還未回到銀行手上之前，仍然是屬於那位買家的。所以飛機回收員真正的工作是「偷」飛機。他們要在一星期之內找到飛機，然後在最短的時間進行檢查、起飛，然後抵達銀行的指定地點。

這樣看來好像不太困難，但實行上來有兩個風險：第一，買家未必願意讓你把飛機駛走，他們可能覺得自己還有辦法再供款下去，屆時或許會有肢體衝突。第二，就是飛機回收員對那架需回收的飛機一無所知。飛機可能很久都沒有開動，像很多機器一樣，放着放着就壞掉；又或者飛機本身已經有隱患。這些都要經過很長時間的檢查才能起飛，但飛機回收員找到飛機之後幾乎只能做最基本的檢查（因為時間緊迫），如果飛機飛到半空後發生故障的話，飛機回收員可能就要賠上性命……所以在美國，飛機回收員必須向美國聯邦航空總署（FAA）申請特許飛行的許可，而且該次飛行的高度、航線和飛行距離，也會受到嚴格的限制。

這工作的確令人嚮往，因為飛機回收的工作不多，但飛機回收員的報酬卻相當吸引，價錢是銀行重售該飛機後的 6% 至 10%，一般高達 30 萬至 200 萬美元！假設一年有 3 宗飛機回收的工作，飛機回收員只需工作 3 星期左右，就有機會得到最高 600 萬美元的薪水！

不過，要成為飛機回收員，先要懂得駕駛飛機，並持有飛機牌照。

死後的遺物有誰處理？

生老病死，是人之常情。人死後，留下的除了是一份心意，還有一屋的遺物。為先人處理遺物，是靈堂告別以外，另一項重要的工作。面對遺物，有人睹物思人，牽動情緒；有人無從入手，難捨難離，這時候，就需要遺物整理師的幫忙。

韓國有一套劇集，就是講述遺物整理師的工作。遺物整理師跟逝者的家人一起處理遺物，每個家庭都有一個感人故事，劇集以遺物整理師的眼睛，讓觀眾看遍人生百態。而真實的遺物整理師，在韓國、日本、台灣，甚至香港都存在。他們有些一開始是做有關收納的工作，即是幫忙整理凌亂的屋子，後來有人請他們幫忙整理遺宅遺物，漸漸發展成專業的一門事業。而在香港，有遺物整理師是殯儀行業出身的，除了清理遺宅和整理遺物，還有其他殯葬的業務。

遺物整理師的出現，一是因為人們在失去親人的狀態下，未必有能力處理遺物，需要一個專業的旁觀者，指導他們有系統地整理；二是，尤其在香港，由於工作繁忙，人們沒時間親自動手，只好交由遺物整理師處理。前者是從旁協助的角色，但倘大的屋子裏，一般人未必懂得如何入手，遺物整理師就發揮其專業：他們會教導逝者的家人從一些與逝者沒直接關係的物品開始處理，比如丟棄飯盒、處理雪櫃的食物等；之後到逝者的日常用品如手袋、公事包、銀包，同時找出必須保留的、有紀念價值的物品。最後才是會讓人容易感觸的物品如照片，由於逝者的家人漸漸投入整理的角色，所以來到這部分時，一般都可以控制到情緒。

如果是由遺物整理師自行處理的話，逝者的家人一般都會事先囑咐有什麼重要物件需要保留，而遺物整理師亦會憑經驗，為逝者的家人保存或許具意義的物品，再讓他們決定是否需要保留。

逝者已逝，但他們曾經活過，整理遺物的過程，也是向他們作最後的敬意。

有一類人專門需要請人代為擦屁股？

有些工作，單聽名字，可能會覺得匪夷所思，但詳細了解過後，就發現世上真的需要這份職業，那就是——臀部清潔師。

擦屁股也要找一個人來做？無論有多富貴，也不應該這樣羞辱人吧？但如前所述，的確是有需要的。日本有一個「國寶級」的職業：相撲手。相撲手在比賽時會站在一條繩圈之內，當比賽開始後，就要用盡身體的力量加上掌風把面前的對手擊出繩圈，由於一方面需要絕對的攻擊力，另一方面需要有噸位以增加防守力，所以相撲手不是練肌肉，而是把體型變得巨大，最好是呈梨形的，這樣，在推倒對方之前，就不容易被推倒。

試想想這樣的體型，雙手是接觸不到兩股之間的位置。所以當相撲手如廁過後，是無法自行清潔臀部，需要找人代勞。所以臀部清潔師一職，是有實際需要的職務。當然，這樣有點噁心的職業，要人工不菲才能吸引到人才，所以臀部清潔師月入接近 10 萬港幣！一個月 10 萬元的薪金只需要擦屁股約 30 次？其實不只如此，由於相撲手要保持「優美」的體型，他們的食量是普通人的幾倍，吃得多自然排得多，所以相撲手的排便次數絕不會是一天一次。

由於相撲是日本的國技，所以相撲手在日本擁有非常崇高的地位，甚至有女性以嫁相撲手為目標／為榮。所以，擦屁股本身是一件厭惡性工作，但在為相撲手效勞的這一點上，並不羞恥。

不過，隨着智能廁所的普及，相撲手在如廁後按一個掣，就有水緩緩從廁所噴出來幫助清潔，將來臀部清潔師這行業會否式微，還是他們可以有一個「比較乾淨的工作環境」（因為先給智能廁所用水沖洗了一次才讓他們清潔），就看相撲手們如何看待這樣一個好幫手了。

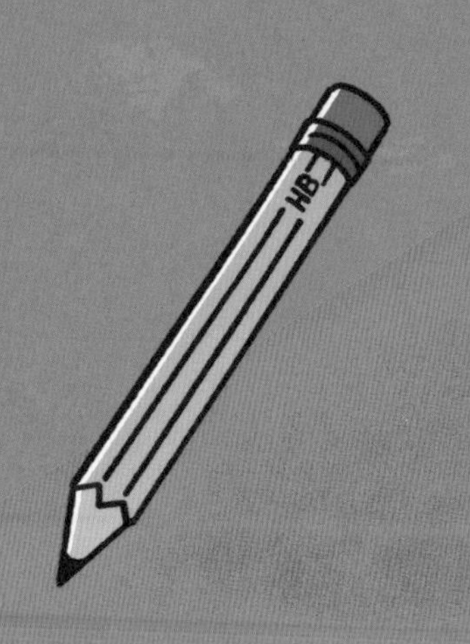

偉大發明的關鍵一刻

雨傘最初是發明來遮太陽的？

當父母將一把雨傘交到你手上時，就彷彿進行了一場成人禮。小時候，大家都是穿雨衣的，從雨衣到雨傘，代表你已經長大了，能撐起一片屬於自己的天空。或許望着雨傘時都不禁會想想，這究竟是誰發明的？

文獻上並沒有記載誰最先發明雨傘，只知道在世界各地的文明中，早就有拿着一支手柄撐着東西遮風擋雨的記載，但該東西不能摺疊，嚴格而言也不能算是雨傘。而在中國，相傳發明雨傘的人是戰國時代魯班夫人，魯班就是那一位工匠的始祖，他的夫人發明雨傘，也好像很合理。但無論魯班還是他的夫人，很多事迹都是傳說，並無真實的證據。

在外國，早期的雨傘不是用來遮雨，而是用來擋陽光的，證據可從雨傘的英文 umbrella 說起。話說這個字源自拉丁文「umbra」，意思是「陰影、影子」，跟下雨一點關係都沒有。但不說不知，在 19 世紀之前，只有女性才會使用雨傘，因為撐傘在古代的希臘和羅馬人眼中，是很女性化的行為。

中國跟西方的雨傘，基本架構相同，但用料不一樣。在唐朝，中國出現了油紙傘，直到明朝才在民間發揚光大。而在 19 世紀，歐洲人用的雨傘，則是以鯨骨和防水布製成。

現代的雨傘，最重要當然是其伸縮功能，第一把伸縮雨傘出現在 1928 年，由德國人 Hans Haupt 發明，他覺得長傘為拄着拐杖的人士帶來不便，所以研發出這個普及至今的功能。而幾乎在同一時間，中國機械學家老焱若也發明了伸縮雨傘，他是因為覺得油紙傘不方便攜帶，於是做出了以絲綢做傘面、鋼架可摺疊的雨傘。

現在，伸縮雨傘幾乎小得可以放在女性的小提包內，又有防紫外光等特別功能，無論晴天或雨天都能使用，雨傘的功用，又回到最原始的遮太陽光，而且也以女性為主，這能叫作復古嗎？

電池是因為一隻死青蛙而發明的？

有很多科學上的發明，都是來自偶然，比如電池，它的出現與一隻正在被解剖實驗的青蛙有關。

786 年，意大利的內科醫生兼物理學家伽伐尼（Luigi Aloisio Galvani）以死去的青蛙做實驗，他把青蛙掛在銅鉤上，突然間，青蛙的腿抽動了一下，讓他嚇了一跳，為什麼已死去的青蛙還會動呢？很快他就發現，原來是銅鉤碰到了一塊鐵，可能就是這瞬間，產生了電流，於是伽伐尼推論，即使青蛙已經死去，但牠的身體、肌肉仍帶有電。

不過伽伐尼的推論並不準確。意大利物理教授伏特（Alessandro Volta）不同意伽伐尼的說法，但他對青蛙腿部抽動一事感興趣，於是繼續研究下去。1791年，他改用鹽水混合物浸泡過的布或紙板取代了青蛙的腿，再讓兩支金屬電極連成一個迴路，結果在沒有青蛙的「幫助」之下，也測出了電流。之後再經過不同的實驗，世界上第一個電池「伏特電堆」（Voltaic Pile）在1800年被發明了出來。

為了紀念伏特為電學發展作出的貢獻，後人把電壓、電動勢、電位差的單位命名為「伏特」（Volta），粵語中我們說「幾多 Walk 數」，那個 Walk 音，就是 Volta 的意思。

伏特在發明電池之後，並沒有忘記伽伐尼。當法國皇帝拿破崙授予他一枚金章、封他為伯爵時，他說：「是伽伐尼發現了兩種不同的金屬能產生電流，命運借了伽伐尼的手推動事情的發展，是伽伐尼發現了電池，只是他本人並未察覺到，所以這裝置應該稱做伽伐尼電池。」因此，伏特電池（Voltaic cell），也稱為伽伐尼電池（Galvanic cell）。

我們不會忘記伏特，也不會忘記伽伐尼，更不應忘記那隻青蛙。牠在死後的那一動，影響了人類數百年的生活。

跑步機原是酷刑工具？

疫情關係使健身中心都關閉了，如果不想戴着口罩到室外跑步，有些人會索性買一部能摺疊的跑步機回家。如果有時光機回到 18 世紀，那時的人知道你買了一部跑步機回家，大概會說：為什麼買酷刑工具回家了？

跑步機最早期的雛型，是工業用途的研磨機器，讓人或動物在機械上跑步，產生作用力來磨碎穀物。直到 19 世紀的英國，有人發起了一場整頓監獄的運動，事緣當時的監獄環境惡劣，囚犯天天只待在監獄裏沒有任何活動，被認為應該給他們一點「生活」。這場運動的確改善了囚犯待遇，包括重建監獄，囚犯從此告別骯髒惡臭的日子，但同時引進了勞動，引進了「跑步機」。

1818 年，英國工程師邱比特（William Cubitt）發明了元祖級的大型跑步機，原理跟研磨機器一樣，用來磨碎穀物，但囚犯需要踏在一條大型滾輪的橫幅上，因為是滾輪的關係，所以不會停下來，犯人必須持續踏步、跑步，否則他們就會跌下來，受到懲罰。

這好像是「雙贏」的局面，囚犯有勞動，又能貢獻社會經濟，所以在跑步機問世的 10 年內，超過 50 座英國、美國監獄都引進了跑步機。但不用想也知道，這行為其實並不人道，囚犯一天需要連續不斷跑 6 至 8 小時，誰會受得了呢？況且不是每個囚犯都年輕力壯的。不過監獄內的獄卒倒是十分高興，因為跑步機令他們的工作變得更為悠閒。

直到 19 世紀末，終於有《監獄法》明文禁止了跑步機這個勞動。但有趣的是，跑步機竟然來一個華麗轉身，走進平民的家裏。20 世紀 60 年代，美國機械工程師威廉・斯托布（William Edward Staub）發明了首部家用跑步機，型號命名為「PaceMaster 600」。

聽說，每星期跑步 4 至 5 次、每次 8 分鐘對健康頗有裨益，你家中有沒有跑步機？如果沒有，其實也可以在家原地跑。

可口可樂最初是健康飲料？

可口可樂大概是最受歡迎的飲料之一，但每次飲可樂，爸爸媽媽都會說：「不要飲太多，可樂不健康。」不過，如果下次再聽到這樣的說話，你可以回應他們：「你知道嗎？可樂是健康飲料來的！」

19 世紀末，美國藥劑師約翰．彭伯頓（John Stith Pemberton）為了調配一種能讓需要補充營養的人也會喜歡喝的飲料而一直努力，直到 1886 年 5 月 8 日，他終於調製出了「彭伯頓健身飲料」的配方，這種配方有提神、鎮靜以及減輕頭痛的功用，之後他加入了糖漿、水和冰塊，及後其助手不小心加入了碳酸水，這革命性的「不小心」，成為「彭伯頓健身飲料」的第一批原漿最後一塊拼圖。

由於糖漿中有兩種香料古柯鹼（Coca）的葉子和可樂（Kola）的果實，彭伯頓的合伙人羅賓遜（Frank M. Robinson）以這兩個名字再改一改，就成為了聞名的品牌Coca-Cola。

最初那種「彭伯頓健身飲料」是作為藥物出售，且是綠色的。但可能因為綠色的顏色並不吸引，所以後來添加了焦糖色添加劑，才成為現在遠看黑色、其實是深啡色的可口可樂。此外，現在的可樂已不含被視為毒品的古柯鹼，也不再從可樂果實中提取對人體有害的咖啡因，改為使用人工香料及咖啡因萃取物。但可口可樂的完整配方，尤其是彭伯頓最初調配的原漿，聽說除了持有人家族之外，一直不為外人所知，異常神秘。

當時的人認為碳酸飲品是健康飲料，但後來人們發現碳酸飲品含糖過多，有機會引致糖尿病、肥胖、心血管等疾病，所以現代人不再視之為健康飲品。但炎炎夏日，運動一番過後有一支汽水在手，實在相當舒暢。記緊，可樂可以飲，但不要過量。

鉛筆原來不是鉛造的？

你是懷念用鉛筆上課的中學生，還是仍然用鉛筆的小學生？抑或，是用鉛筆畫素描的美術科學生？我們都知道鉛筆是什麼，但又知不知道，鉛筆其實不是由鉛所造的，鉛筆沒有鉛，只有石墨。

1564 年，英國受颶風吹襲，位於威爾斯的昆布蘭地區有許多大樹被連根拔起，當地人在樹根下發現了一種黑色的礦物質，後來稱為石墨。他們發現石墨很有趣，把石墨在物件上輕刷，可以留下一層黑色的薄層，當地的牧羊人索性用這種石墨在羊的身上畫上記號，以作辨識。

後來，人們發現石墨也可以於紙張上使用。他們把石墨製成小棒狀，作為書寫工具。這種石墨棒最初是用細繩或羊皮紙包裹，後來有意大利人想到可以用木頭代替，於是最初在木條中鑽孔，內藏石墨，後來進化成用兩塊雕刻過的木頭把石墨棒夾着，然後用膠水黏好，這就是最原始的鉛筆。

至於為什麼原料明明是石墨，卻被稱為鉛筆，純粹是因為當時化學的發展仍在最初階段，人們不太了解，就把石墨誤以為是鉛，一錯到底，直到今天。

雖然石墨不是英國獨有，但英國出產的石墨品質卻是全球最好，所以有一段長時間，鉛筆都是直接從英國的原始石墨中切取出來。一直到 19 世紀後期，有人開始用其他方法混合石墨製作鉛筆。1795 年孔泰（Nicolas Jacques Cont）把石墨粉用黏土混合，做成棒狀再放入窯中烘烤，成為流傳至今的鉛筆製作方法，而孔泰也是公認的鉛筆發明者。

此外，只要改變石墨和黏土的混合比率，就可以改變石墨棒的硬度，黏土愈多，鉛筆愈硬，筆迹顏色愈淺，反之亦然。鉛筆上的「H」指為硬度，「B」是黑度，從「10H」到「10B」，標示着鉛筆由最硬到最軟，由最淺色到最深色，而我們常用的 HB 鉛筆，就是指兩者比率各 50%。想畫好鉛筆素描，得先掌握鉛筆的秘密。

誰發明了廁紙？

有一些物品，你一直使用，不覺得有什麼重要；一旦失去了，你就覺得比天塌下來更可怕，例如廁紙。

古人沒有廁紙。如廁後是如何清潔的？外國人會直接用水洗，更反指中國人用「工具」不衛生。那麼中國人有哪些「工具」？包括布、樹葉、瓦片、粟米芯、木竹片……你或許會想，這些「工具」在現代社會是不可能使用的。然後你會對那位廁紙發明者說聲謝謝，那他是誰？

在中國，早在明朝就有記錄，有一種 60 厘米乘 90 厘米大的柔軟物料，被當作衛生紙。至於現代版本的廁紙，則是由美國人約瑟・蓋亞堤（Joseph Gayetty）發明的，他在 1857 年出品了「J.C. 蓋亞堤的廁所保健用紙」，更聲稱他的產品可以避免痔瘡。不過，他的發明並沒有得到重視，因為當時的美國人還沒有足夠的衛生常識，而且他發明的並非滾筒式的廁紙。

滾筒式廁紙是 1890 年由 Clarence 和 E. Irvin Scott 創立的史葛紙公司（Scott Paper）發明的，通過他們大量的宣傳，令人們意識到衛生紙的重要性。網上大部分「內容農場」都說，在 1900 年代初，史葛紙公司的負責人亞瑟・史葛（Arthur Scott）發明廁紙，但這其實是不正確的。在亞瑟・史葛的時代，廁紙早已被發明了，而他發明的是比廁紙闊和厚的擦手紙（Paper Towel）。當時他有一批貨因為造得太厚，所以不能當廁紙使用，正煩惱着該如何處理。有一天，他聽說有一位學校老師，要求學生去完洗手間後不要使用學校的毛巾把手擦乾，原因是廁所的毛巾容易受細菌感染，老師反而向每位學生派發一張軟紙擦手。亞瑟・史葛靈機一觸，用那些較厚的廁紙製作成新的擦手紙出售，由於擦手紙較厚，因此用來抹乾手的效果比廁紙好。

紙巾、廁紙、擦手紙，其實都有不同用途，你們能夠分辨出來嗎？

為挑剔客人
而發明的薯片？

在眾多零食之中，就以薯片最受人歡迎。休息時打開一包薯片，轉眼就會吃光。但你知道嗎，我們有如此美味的薯片，是多得一位挑剔的食客？

1853 年，佐治．甘姆（George Crum）在美國紐約州薩拉托加泉月光湖旅館餐廳（Moon Lake Lodge）當廚師，那裏提供一道名為法國式炸薯條的菜式，甘姆一直按照標準尺寸製作粗粗的薯條。這款薯條最初風靡法國，後來由美國駐法大使湯瑪斯．傑斐遜（Thomas Jefferson）引進美國。

某天，餐廳來了一位食客，有說是美國百萬富翁康內留斯·范德比爾特（Cornelius Vanderbilt），但由於沒有具體證據，所以只好以挑剔的客人稱呼他。這位挑剔的客人吃過法國式炸薯條，認為薯條太粗，他不滿意之餘，還不肯結帳。甘姆只好再做一次，把薯條弄薄一些，怎料這位挑剔的客人還是不滿意，要求甘姆再做。甘姆當時心想，既然你那麼喜歡薄，那就給你最薄片的！他把薯仔切到薄片狀，然後炸得非常脆，脆得根本無法以叉子叉起來。怎料，挑剔的客人在吃過之後連聲叫好！其他客人見狀，也希望甘姆做出同一款菜式讓他們一試，結果人人吃過都覺得十分美味，菜單上從此就出現了薯片這選項。

到後來，甘姆自行開餐廳時亦以這款薯片作為特色菜。但他並沒有滿足於此，還把薯片包裝出售。不過，那時候的薯仔還是需要人手去皮和切片，因此不能大量批發。直到 1920 年代，薯仔批皮機的發明，才能讓薯片在世界各地發揚光大，成為銷售量最高的零食之一。其中旅行推銷員赫爾曼（Herman Lay）更是薯片的重要推手，他帶着皮箱在美國南部的雜貨店叫賣薯仔批皮機，後來更創立了公司賣薯片，對，就是我們熟悉的樂事薯片 Lay's。

時至今日，包裝薯片有不同的品牌，更有不同的口味，你又喜歡吃哪一種呢？

紫色因為一個意外而變得普及？

紅橙黃綠藍靛紫，彩虹七色的地位是對等的嗎？不，紫色從來都是最高貴的，尤其在古代。

你聽過「紫氣東來」這個成語嗎？那是聖人從東方經過此地的吉祥意思；另外，天帝住的地方稱為「紫微殿」，皇帝住的地方叫「紫禁城」。這些都是紫色在中國與別不同的證據。而在西方，羅馬皇帝穿的是紫色長袍，皇后會在一間紫色房間分娩，皇帝的出生被稱為「born in the purple」。無論中西方，紫色都是無與倫比。

為什麼紫色會那麼特別？因為作為染料，紫色很難做出來，同時也很貴。中國古代的紫色，來自一種叫紫草的植物，染在布匹上容易掉色，需要反覆經過多次浸染，而且只能在絲綢上才可着色，如此「高傲」的個性，只有帝王之家才能配得上。至於西方，19 世紀之前，紫色染料來自海螺的黏液，經過陽光暴曬而變成紫色，據說需要 1 萬個海螺才能提煉出 1 克的紫色染料，物以罕為貴，平民當然沒法在日常生活中擁有紫色的物品。

情況直到 1856 年才因為一個偶然而打破僵局。英國一位年輕的化學家帕金（William Henry Perkin）跟著名的化學家霍夫曼進行化學實驗，探索研究從煤焦油中製取奎寧。他打算用重鉻酸鉀氧化苯胺的硫酸鹽作實驗，但在實驗失敗後，燒瓶底部出現了一種黑色沉澱物，帕金因而想用酒精清洗，卻意外出現了一種漂亮的藍紫色。接着他用白布一抹，白布就被染成紫色，而且用水也洗不掉。他立即將這種物料寄到瑞典的一家染料公司，並獲回覆這種後來被稱為「苯胺紫」的物質，能成為紫色的廉價染料。

此後的 10 年間，紫色成為老百姓流行的顏色，被稱為「紫色的十年」。紅橙黃綠藍靛，也終於能跟紫色平起平坐了。

甜筒的發明
源自賣不去的薄餅？

夏日炎炎最好就是吃雪糕。你喜歡吃哪一款雪糕呢？蓮花杯？雪條？還是甜筒？原來甜筒的發明，是來自一個「賣唔切」與「賣唔出」的組合。

1904 年 4 月 30 日，美國聖路易斯舉行世界博覽會。來自敍利亞的哈姆維（Ernest a. Hamwi）亦有參加，他在世博會上售賣一種名為 Zalabis 的中東小吃，這是由他的祖宗發明，一個脆脆的、類似窩夫餅的薄餅。他希望能在這次的世博會中打響名堂，不過他很快就發現，美國人不太願意嘗試這種新口味，他的 Zalabis 沒有多少人光顧。

同一時間，他的隔壁攤位正在賣雪糕，人來人往很受歡迎，忙得不可開交，甚至連盛雪糕用的杯碟都用光了，但雪糕還有很多，人龍仍然很長，該怎麼辦？在旁邊的哈姆維靈機一觸，用鑊子把 Zalabis 捲成一個三角圓錐形，然後跑到雪糕檔主旁邊，檔主一看就明白了，接着把雪糕盛在上面，就成了現在的甜筒。之後，哈姆維在 1910 年成立了一間甜筒公司，把甜筒發揚光大。

不過，哈姆維在 1928 年的一次訪問中澄清，當年在世博會，不是他想到這個點子的，而是雪糕攤位的人主動來買 Zalabis，要他造成一個「聚寶盤」的形狀，他是因為別人的靈感，才在日後把甜筒發展成一門生意。不過，世人仍然視哈姆維為「甜筒之父」。

不過也有些人會質疑在 1904 年之前，已經有甜筒的存在。事實上，把雪糕盛在可以吃的東西上，由來已久，不過那些都不像是現代意義上的甜筒。也有說，意大利人馬爾基奧尼（Italo Marchiony）在 1896 年製作了第一個雪糕蛋筒，並在 1903 年獲得了專利，但這個專利，也並非現在流行的圓錐形甜筒，馬爾基奧尼曾經指控圓錐形甜筒製造商侵權，不過敗訴。

無論如何，不能否認甜筒是一個偉大的發明。你在吃甜筒時，是喜歡吃上面的雪糕，還是喜歡吃那脆脆的筒？

橡膠是從一次意外中發明？

橡膠產品在生活中隨處可見，比如膠樽、膠袋、膠紙等形形色色，形狀不盡相同。但你知不知道，橡膠之所以能夠廣泛應用，全因為一次意外。

先說說橡膠的由來，原來橡膠是來自美洲原住民的！當年哥倫布在發現新大陸時，同時發現了印第安小孩在玩一個很有彈力的球，又見到他們把一種白色濃稠液體塗在衣服上，衣服就不怕被雨淋。不過那時哥倫布沒太在意，要到 1736 年，法國科學家康達敏（Charles Marie de La Condamine）出版了《南美洲內地旅行記略》，詳述了橡膠樹的產地、採集乳膠的方法和如何運用橡膠等，原來哥倫布當日看到的小球，是來自一種名為「橡膠」的樹所流出的濃液，而這種濃液也就是可以防水的白色濃稠液體。不過當時的橡膠於受熱時會變軟，遇冷時會變硬變脆，容易磨損，所以並不耐用。而橡膠最先被人發現的功用，就是作為擦膠擦去鉛筆的痕迹，所以橡膠和擦膠都共用了同一個名字——rubber。

到了 1839 年，一次意外讓橡膠「覺醒」。美國化學家古特義（Charles Goodyear）在一次實驗時，無意之中將盛載橡膠和硫磺的罐子丟在爐火上（也有說是遺忘了在暖爐之上），當橡膠和硫磺受熱之後混在一起，形成了塊狀的膠皮，後來稱為「硫化橡膠」，是一塊極具穩定性、不易破損，且彈性極好的橡膠製品，這方法後來稱為「橡膠硫化法」，而硫化橡膠就成為日後在工業上極重要的原料。

而古特義也不是靠着意外而成名的，他後來用硫化橡膠製成了世界上第一雙橡膠防水鞋。而橡膠最標誌性的功用，是在 1888 年，由英國人鄧祿普（John Boyd Dunlop）發明的輪胎，並在 1895 年開始生產汽車。

是汽車工業興起而激起了人類對橡膠的巨大需求，還是橡膠的發明促進了人類交通運輸？無論如何，我們的生活已不能沒有橡膠。

不為人知的
名人趣怪事

達文西的《蒙娜麗莎》是畫中畫？

古代第一斜槓人（Slasher）你覺得會是誰？相信是意大利文藝復興時期的達文西（Leonardo da Vinci），他的斜槓可多了：畫家／音樂家／建築師／數學家／幾何學家／解剖學家／生理學家／動物學家／植物學家／天文學家／氣象學家／地質學家／地理學家／物理學家／光學家／力學家／發明家／土木工程師，且每一樣都十分精通，創作了很多經典。當中，達文西就以畫家這個身分最廣為流傳，因為有包括《蒙娜麗莎》（Mona Lisa）在內的經典代表作。

法國羅浮宮的著名藏品《蒙娜麗莎》，是達文西於

1503 年開始的創作，第一階段歷時 4 年，之後十多年間他帶着這作品浪迹天涯，邊走邊改了 12 年，直到 1519 年逝世，有說達文西在這十幾年間都在繪畫嘴唇，但這都不算誇張，因為有人使用 X 光對畫作進行檢測，發現原來《蒙娜麗莎》是一幅「畫中畫中畫中畫」，一共有 4 層之多！

2004 年，羅浮宮讓法國光學工程師科泰對《蒙娜麗莎》進行紅外線及紫外線拍攝，然後針對影像作科學分析研究，科泰及後花了 11 年的時間，利用反射光技術，即運用光源的散射去將畫作的顏料一層一層剝離，然後將每個圖層進行重組和解析，最終發現，在《蒙娜麗莎》背後，至少隱藏了 3 張肖像。其中最底層的一張是底稿，即像作畫前的草稿一樣，但第二、三層則是一件成品來的，科泰給它們起上名字，第二層的叫《佩戴珍珠髮飾的人像畫》，第三層叫《麗莎格拉迪尼人像畫》，麗莎格拉迪尼是至今公認的「蒙娜麗莎」模特兒，達文西當時收取了佛羅倫斯絲綢富豪的一筆錢，為他的妻子（也有說是情婦）作畫，但後來達文西並沒有交出畫作，反而帶着它流浪，才有之前的修改嘴唇說法。

羅浮宮對科泰的發現不予置評，也有藝術家指出畫家不斷修改畫作是常事，不應把曾經塗改、掩蓋的部分合成一幅畫而作過度的推測。但無論如何，科泰的發現，都讓神秘的《蒙娜麗莎》更見神秘。

米開朗基羅與大衛像有什麼緣分？

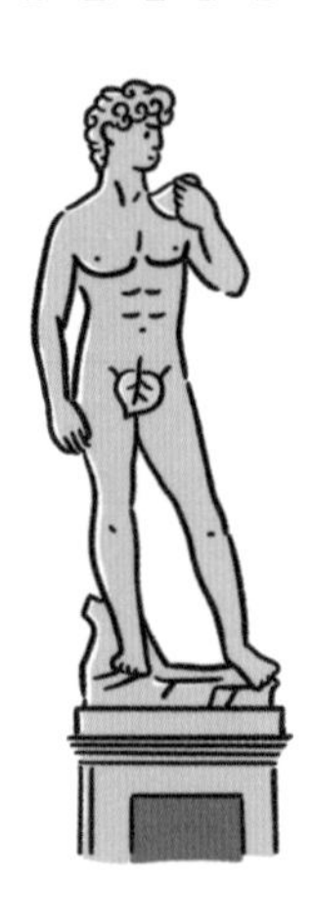

說到大衛像，大家都會想起作者米開朗基羅。但你知道嗎，原來大衛像最初並不是米開朗基羅負責的？

米開朗基羅在 1501 年至 1504 年間完成大衛像，但其實早在 1464 年就有雕刻家多那太羅受到委託而要雕刻這個像。他在阿爾卑斯山卡拉拉採石場找來一塊白色大理石，刻出了下肢、軀幹和衣着的大概形狀，並很有可能在兩腿之間打了個洞，然後就沒有繼續雕刻下去，並且在 2 年後去世。直到 10 年後由另一位雕刻家安東尼奧．羅塞利諾接手，但同樣是雕刻不來。聽說，這塊大理石太過堅硬，同時太薄，讓雕刻家難以發揮。當時有種說法是：「一塊叫做大衛的大理石，仰卧着，很擋路」，如果大理石是有感受的話，一定會覺得自己被嫌棄。

一直到 1501 年，有關方面找來 26 歲的米開朗基羅，他看出這塊大理石的美，花了 2 年多的時間，雕成這個流傳後世的大衛像。最初，有關方面打算將大衛像放在教堂的頂樓，但它實在太美了，於是決定將它放置在佛羅倫斯的市政廳舊宮入口，讓更多人可以欣賞得到。而現在，大衛像則被轉移到佛羅倫斯美術學院的畫廊內，而市政廳舊宮入口處則在 1910 年放上一個複製品。

大衛像是一個站立的男性裸體，高 5.17 米，重約 6 噸，用來表現《聖經》中的大衛王。由於其裸露的身體，在保守的社會中就曾引起爭議，更一度「被穿上」樹葉來遮着重要部位，這當然在後來獲得解禁。很多人認為大衛像是男性完美胴體的代表，但其實相較之下它的右手過於粗大，不過這並非失誤，而是在米開朗基羅心中，大衛像的右手是上帝之手，所以必須與眾不同。

如果沒有米開朗基羅，大衛像仍然是那「擋路的大理石」。好的材料，遇上懂得欣賞的人，就成就了經典。

牛頓真的有被蘋果砸中嗎？

我們都聽過，年輕時的牛頓，坐在一棵蘋果樹下，頭部剛好被掉落的蘋果擊中。「為什麼蘋果會垂直掉下來？」從這個疑問開始，使他在 1687 年發表了「萬有引力」的原理：宇宙中的每一個物體都被其他物體所吸引，其吸引力與它們的質量成正比，與它們之間的距離的平方成反比。

然而，真的有蘋果掉到牛頓的頭上嗎？

首先，牛頓從來沒有在公開場合談過這件事，也沒有在任何手稿、文章中記載過。第一個提到這個蘋果故事的，是法國文學家、哲學家、思想家伏爾泰。他在牛頓逝世的同年，寫了一篇文章講述事件。不過，他並沒有親身與牛頓接觸，他的消息來源，是牛頓的姪女嘉芙蓮・巴頓和其丈夫約翰・康杜特。約翰・康杜特與牛頓關係密切，更是牛頓在皇家造幣廠時的助理。他後來亦寫了一篇手稿，提到 1666 年牛頓因為黑死病流行，離開劍橋大學回到童年的家伍爾索普莊園，在這裏目睹一個蘋果從樹上掉下來，但沒說過蘋果是砸中他的頭。

直到 1752 年，威廉・斯蒂克利（William Stukeley）出版《艾薩克・牛頓爵士生平回憶錄》（*Memoirs of Sir Isaac Newton's Life*），提到 1726 年他到訪牛頓的伍爾索普莊園，其中有以下內容：「晚飯之後，天氣暖和，我們走進花園，並在蘋果樹的樹蔭下喝茶，他告訴我，就是在這個環境下沉思，這時蘋果掉了下來，而萬有引力的概念出現在他的腦海中。」如果威廉的說法屬實，蘋果並沒有掉到牛頓頭上，因此可估計蘋果砸在頭上的說法，是戲劇化了的故事。

再進一步研究的話，我們需要問，為什麼牛頓一直都沒有親口說過這個故事，而是由後人來撰寫？不過，故事中的蘋果樹倒是真有其樹，現在仍然在牛頓的故居，1816 年它曾被大風吹倒，但重新種植後，一直矗立在伍爾索普莊園。

發明電燈泡的不是愛迪生？

「誰發明了電燈泡？」如果 Google 問答挑戰出了這一道題，請看清楚答案選項，如果沒有亨利・戈培爾（Henry Goebel）或史雲（Joseph Wilson Swan）的答案可選擇，才好回答愛迪生（Thomas Alva Edison）。

最早發明電燈泡的，是亨利・戈培爾，他在 1854 年發明了第一個電燈泡，將一根碳化的竹絲放在真空玻璃瓶中，通電發光長達 400 小時，不過他當時並沒有申請專利，以致後來他的公司被愛迪生控告侵權。

至於另一位來自英國的史雲，他從 1850 年開始研究如何製造電燈泡，他花了 28 年的時間，在 1878 年發明了「真空下用碳絲通電」的電燈泡，並在英國取得專利，創辦了公司。

另一邊廂，1874 年，兩位加拿大電氣技師 Henry Woodward 和 Matthew Evans 在玻璃泡之下充入氮氣，以通電的碳桿發光，可惜他們沒有足夠的資金繼續發展，在 1875 年就將這項專利賣給愛迪生，之後愛迪生改為研究以碳絲造燈泡，並在 1880 年申請專利，比史雲遲了 2 年，所以史雲決定訴諸法律。兩者最後和解，並在英國合資開公司，名字也合二為一，名為 Ediswan，一同賣電燈泡。

但故事的尾聲是，史雲把自己的權益和專利都賣給愛迪生，並退出了歷史舞台，自此，有關發明家的故事都記載是愛迪生發明電燈泡的。但姑勿論誰先誰後，愛迪生的確只是改良電燈泡而非發明電燈泡。事實上，愛迪生擁有很多項專利發明，單在美國，他名下就擁有 1,093 項專利；而在美國、英國、法國、德國等國的專利數目累計更超過 1,500 項，當中有些很著名的，如活動電影攝影機、直流電力系統、蠟製印刷滾筒等，但大部分都是從改良而來的，愛迪生真正原創的發明只有一個，就是能夠記錄和回放聲音的留聲機。

不過，能夠改良發明也是件不簡單的事，因此愛迪生還是值得載入史冊，但我們在使用電燈泡時還是應該一併記得亨利・戈培爾和史雲這兩個名字。

貝多芬從未聽過《第九號交響曲》？

如果要選一位古典音樂的代表人物，相信在選擇中會找到貝多芬這名字。他的《第九號交響曲》，其第四樂章〈歡樂頌〉，「mmfs ～ sfmr ～ ddrmm ～ rr」，即使不懂音樂的人，也一定會聽過。但大家是否知道，原來貝多芬本人是從未聽過《第九號交響曲》？

這是一段從小種下的悲劇。貝多芬在 5 歲的時候患了中耳炎，但並沒有好好的治療，令到他在晚年時不斷喪失聽覺。《第九號交響曲》是在 1818 年至 1824 年期間創作，這時候貝多芬已經完全失去聽覺。1824 年 5 月 7 日，《第九號交響曲》在維也納肯恩頓門大劇院首演，由米雪埃・翁勞夫（Michael Umlauf）指揮，貝多芬只負責在旁給出拍子和翻譜，但在樂團演奏期間，他仍然激情的做出指揮動作，一曲既終，現場觀眾掌聲如雷，但背着觀眾的貝多芬渾然不知，直到樂團的女中音獨唱卡羅琳娜・溫格走到貝多芬身邊，拉着他的手，領他轉身，才讓他看到觀眾的敬意。有說觀眾鼓掌了 5 次之多，而在規矩眾多的當時，即使是王室人員亦只能接受 3 次的掌聲，足可見觀眾對《第九號交響曲》的喜愛程度。不過，喪失聽力的貝多芬，在一生之中卻從未讓此曲鑽進自己耳中。

《第九號交響曲》的影響是無庸置疑的，至少大家在音樂課上一定唱過〈歡樂頌〉。但你知道它還曾經影響了爸爸媽媽的生活嗎？在 90 年代，那時還未有手機串流音樂，人們都是購買鐳射唱片（CD）聽音樂的，然而，一隻 CD 本身是有容量限制的，當時 CD 的兩大發行公司 Sony 和 Philips 在討論容量時，Sony 時任社長大賀典雄說：「如果唱片放不下貝多芬的《第九號交響曲》，是不完整的。」於是，一張 CD 的時間被定為 74 分鐘 42 秒，這正是《第九號交響曲》的曲長。

狄更斯把「Merry Christmas」發揚光大？

每逢聖誕節，我們都會互相祝福：「聖誕快樂！」，如果用英文，就是「Merry Christmas」了。但為什麼會說 Merry Christmas 而不是 Happy Christmas 呢？畢竟對照其他外國的節日，如復活節也是 Happy Easter，聖誕節的 Merry 有其獨特性，而為什麼會有這樣的獨特性？這竟然與英國大文豪狄更斯（Charles Dickens）有關。

狄更斯是維多利亞時代的著名作家，其最著名的作品是 1859 年的《雙城記》（*A Tale of Two Cities*），裏面的一句「這是最好的時代，也是最壞的時代」，傳誦至今。說回 Merry Christmas，在文獻記載中，最早使用 Merry 的不是他，而是於 1534 年，英國主教約翰·費舍爾（John Fisher）寫給亨利八世的親信大臣湯瑪斯·克倫威爾（Thomas Cromwell）的信中見到。而我們很熟悉的聖誕歌「We Wish You A Merry Christmas」，也是創作於 1500 年代，那麼，這跟狄更斯有何關係？

1843 年，狄更斯寫了一本小說《聖誕頌歌》（*A Christmas Carol*），裏面就用到「Merry Christmas」一詞，這本小說十分暢銷，出版商更乘勢推出印有 Merry Christmas 字樣的聖誕卡，竟然引發搶購潮。自此，Merry Christmas 這祝福語，便隨着聖誕卡而傳遍全球。

而在 Merry Christmas 被廣泛使用之前，英國人的確是用 Happy Christmas 的，甚至直到現在，一些貴族仍然會保留這個說法，例如英女王的聖誕文誥，就只會用 Happy Christmas。原因是 Merry 這個字在維多利亞時代，是只有低下階層才使用的，意思是「開心、帶點微醉的時候」，詞義有點貶義，有酗酒，還帶點粗魯的意思，如果用相近的中文，大概是「喝到掛」、「飲酒飲到死」吧。難怪貴族只喜歡 Happy，不會 Merry 了。

愛因斯坦的腦袋曾經被偷走了？

要說世界上最聰明的人，除了你自己之外，應該都會想到愛因斯坦。愛因斯坦有多聰明？要回答這個問題，一是讀他的著作如《相對論》，二是拆解他的腦袋。

別以為這是開玩笑，因為愛因斯坦的腦袋，並沒有跟隨身軀埋入黃土，而是被用作為科學研究。話說 1955 年 4 月 18 日，愛因斯坦在普林斯頓大學去世，病理學家托馬斯・哈維（Thomas Harvey）負責驗屍，怎料他竟然把愛因斯坦的大腦和眼睛取了出來，然後逃跑，最後還失了蹤。

直到1978年，一位記者史蒂芬．列維（Steven Levy）採訪了哈維，並發表了一篇文章《我找到了愛因斯坦的大腦》，讓愛因斯坦的腦袋在經過23年後再次重見天日，安放在兩個裝滿酒精溶液的蘋果盒子中。原來當日哈維偷走愛因斯坦的腦袋後，就把腦袋切片，把部分腦袋切片寄了給他認可的科學家，他希望大家同心合力研究愛因斯坦天才的秘密。至於眼睛，他也寄給了愛因斯坦的眼科醫生。

最初，愛因斯坦的家人反對他的研究，但得知哈維的研究目的後，就決定讓計劃繼續，條件是學術成果必須刊登於最高水準的學術期刊中。

那麼，愛因斯坦的腦袋有什麼與眾不同之處？他大腦的大小和形狀跟正常人的差別不大，但其前額葉、軀體感覺皮層、初級運動皮層、頂葉、顳葉、枕葉都異於常人，其中負責表達與語言的區域較小，而負責處理數字和空間的區域則比較大。此外，腦袋中負責為大腦提供營養、支撐大腦、形成髓鞘質，並參與信號傳輸的神經膠質細胞也比常人多。

有關愛因斯坦大腦的研究仍然在繼續，畢竟也說不準研究死腦跟活腦會否存在差異。現時愛因斯坦的大腦切片分別存放在不同的博物館中，有興趣的話不妨去參觀一下吧！

華盛頓砍了櫻桃樹嗎？

有關美國第一任總統華盛頓砍了櫻桃樹之後勇敢承認的故事，相信大家都有讀過吧。話說有一天，華盛頓的父親送了一把斧頭給他，他十分高興，但拿着斧頭可以做什麼呢？他見父親用自己的斧頭斬大樹，那他就想不如去斬小樹吧，於是向家中花園的櫻桃樹砍過去，砍了幾斧，還真的砍斷了。華盛頓的父親回家後，眼見心愛的櫻桃樹斷了，便憤怒地問是誰做的。華盛頓雖然十分害怕被父親責罵，但還是勇於承認自己的過錯，和盤托出。父親見他光明磊落，不但沒有責備，反而稱讚他誠實。要注意的是，在華盛頓砍斷櫻桃樹之後，已經把斧頭收起來了，父親讚賞他的時候，他手中亦沒有拿着斧頭。這故事流傳下來後，就成為小孩學習誠實的經典故事。

這故事來自傳記作家 Parson Weems。當華盛頓去世後，他走訪了一些認識兒時華盛頓的人，寫成了《華盛頓傳》（*The Life of Washington the Great*）。不過，這故事是真實的嗎？因為一直以來，就只有《華盛頓傳》一本書中有相關的記載，可稱為「孤證」，傳記中也沒有清楚說出這故事是來自哪位華盛頓朋友的記憶，沒有其他可信度更高的證據提出，反而，有更多可能是杜撰的推斷。

比如這本《華盛頓傳》，多年來一直再版，有人發現這段櫻桃樹的故事，是在 1806 年印刷第五版時才加上去的。而在 1836 年，相關事件又被寫得更詳細了，更有傳相關的書商承認是為了銷量而杜撰該故事的。到了 1904 年，美國詩人 Joseph Rodman Drake 發現，這個櫻桃樹故事早在《華盛頓傳》面世之前，就在英國的一本小說中出現過。2008 年《紐約時報》亦有報道指出，科學家在走訪華盛頓童年居住的莊園一帶後發現，根本沒有種植過櫻桃樹的痕迹。

似乎，華盛頓砍櫻桃樹這事從沒發生過。但誠實這個美德，卻是個不變的真理。

教科書沒有告訴你的奇趣冷知識 世界篇

編者	明報出版社編輯部
助理出版經理	周詩韵
責任編輯	陳珈悠
文字協力	潘沛雯
協力	潘瑩露
繪畫	Winny Kwok
美術設計	郭泳霖
出版	明窗出版社
發行	明報出版社有限公司 香港柴灣嘉業街 18 號 明報工業中心 A 座 15 樓
電話	2595 3215
傳真	2898 2646
網址	http://books.mingpao.com/
電子郵箱	mpp@mingpao.com
版次	二〇二二年七月初版 二〇二三年六月第二版
ISBN	978-988-8688-56-2
承印	美雅印刷製本有限公司